专项职业能力考核培训教材

人力资源社会保障部教材办公室组织审定

农民技能提升培训系列教材

水稻穴直播机操作与维护

上海市农业广播电视学校　组织编写

主　编：王学云

副主编：吴雄杰　周　健

编　者：顾可欣　周为华　张寒波　夏　焕　吴仪帆

主　审：夏海荣

中国劳动社会保障出版社

图书在版编目（CIP）数据

水稻穴直播机操作与维护 / 上海市农业广播电视学校组织编写. -- 北京：中国劳动社会保障出版社，2021

专项职业能力考核培训教材

ISBN 978-7-5167-5198-5

Ⅰ. ①水… Ⅱ. ①上… Ⅲ. ①水稻－穴播机－使用方法－职业培训－教材②水稻－穴播机－机械维修－职业培训－教材 Ⅳ. ①S223.207

中国版本图书馆 CIP 数据核字（2021）第 256265 号

中国劳动社会保障出版社出版发行

（北京市惠新东街 1 号　邮政编码：100029）

*

三河市华骏印务包装有限公司印刷装订　新华书店经销

787 毫米 ×1092 毫米　16 开本　9 印张　166 千字

2021 年 12 月第 1 版　2021 年 12 月第 1 次印刷

定价：28.00 元

读者服务部电话：（010）64929211/84209101/64921644

营销中心电话：（010）64962347

出版社网址：http://www.class.com.cn

前　言

职业技能培训是全面提升劳动者就业创业能力、促进充分就业、提高就业质量的根本举措，是适应经济发展新常态、培育经济发展新动能、推进供给侧结构性改革的内在要求，对推动大众创业万众创新、推进制造强国建设、推动经济高质量发展具有重要意义。

为了加强职业技能培训，《国务院关于推行终身职业技能培训制度的意见》（国发〔2018〕11号）、《国务院办公厅关于印发职业技能提升行动方案（2019—2021年）的通知》（国办发〔2019〕24号）提出，要深化职业技能培训体制机制改革，推进职业技能培训与评价有机衔接，建立技能人才多元评价机制，完善技能人才职业资格评价、职业技能等级认定、专项职业能力考核等多元化评价方式。

专项职业能力是可就业的最小技能单元，劳动者经过培训掌握了专项职业能力后，意味着可以胜任相应岗位的工作。专项职业能力考核是对劳动者是否掌握专项职业能力所做出的客观评价，通过考核的人员可获得专项职业能力证书。

为配合专项职业能力考核工作，人力资源社会保障部教材办公室组织有关方面的专家编写了这套专项职业能力考核培训教材。该套教材严格按照专项职业能力考核规范编写，教材内容充分反映了专项职业能力考核规范中的核心知识点与技能点，较好地体现了适用性、先进性与前瞻性。教材编写过程中，我们还专门聘请了相关行业和考核培训方面的专家参与教材的编审工作，保证了教材内容的科学性及与考核规范、题库的紧密衔接。

专项职业能力考核培训教材突出了适应职业技能培训的特色，不但有助于读者通过考核，而且有助于读者真正掌握专项职业能力的知识与技能。

教材编写是一项探索性工作，由于时间紧迫，不足之处在所难免，欢迎各使用单位及个人对教材提出宝贵意见和建议，以便教材修订时补充更正。

人力资源社会保障部教材办公室

序

大力开展农民技能培训，提升广大农民技能素质，加快培养一批专业型、技能型、创新型劳动者和高技能人才，培育一支“有文化、懂技术、善经营、会管理”的高素质农民队伍，将为实施乡村振兴战略、推进现代绿色农业发展提供人才支撑，促进农民收入持续增长。

为更好地满足农业产业发展需要，近年来，上海市农业农村委员会在种植、畜牧、水产、农机、农产品安全等领域，积极开展农业新业态、新技能培训项目开发，广泛开展农业从业人员实用技术培训，提高优质农产品生产水平和农业专业化服务能力，围绕家庭农场、农民专业合作社、农业龙头企业等新型农业经营主体，以农业高技能人才培养基地为平台，发挥农民技能培训辐射带动作用，形成了规模化农民技能培训的示范效应。

为配合农民技能提升培训工作的需要，上海市农业广播电视学校组织农业领域的专家、技术人员共同编写了农民技能提升培训系列教材。本系列教材严格按照考核规范进行编写，以产业发展为立足点，以生产技能和经营管理能力提升为主线，注重知识和技能的针对性和有效性，实用性强，适应农民技能培训和自身学习需要，是广大农民增收致富的好帮手。

本系列教材在编写过程中得到了上海市、区两级相关农业技术推广部门与农业院所有关专家的关心指导和大力支持，在此谨表示最诚挚的谢意。

由于水平有限，不当之处在所难免，恳请读者指正。

本书编审人员

目　录

培训任务 1

水稻穴直播机驾驶操作知识

培训目标

- 了解水稻机械化穴直播技术的基础知识。
- 熟悉水稻穴直播机的分类和基本构造。
- 掌握水稻穴直播机各操作装置的功能、使用方法和注意事项。
- 掌握水稻穴直播机的启动、关停方法。
- 能够操作水稻穴直播机启动、关停。
- 能够检查水稻穴直播机的安全性能。

学习单元 1

水稻机械化穴直播技术的基础知识

我国水稻种植区域大、种植方式多，水稻种植环节的机械化是水稻生产全程机械化的难点和重点。实现水稻种植机械化的技术较多，如机械化插秧、机械化穴直播、机械化抛秧、机械化摆秧等，其中机械化穴直播技术是实现水稻种植机械化的重要技术手段，也是有效途径之一。目前，我国南方地区的水稻生产基本实现了机械化插秧和机械化穴直播，其中水稻机械化穴直播技术日渐成熟。

一、水稻机械化穴直播技术的概念

水稻机械化穴直播技术是指在水稻田中使用高性能的水稻穴直播机进行直接播种，从而代替人工栽插秧苗，且不再经过育苗和移栽的一种轻简化水稻栽培技术。水稻机械化穴直播技术是一个体系，主要包括水稻穴直播机的操作使用技术、稻种催芽技术、符合机械化穴直播要求的水稻田耕整技术、机械化穴直播后水稻田农艺管理配套技术等，该技术体系突出机械与农艺的协调配合，以水稻穴直播机的操作使用技术为核心，实现稻种催芽、水稻田耕整及农艺管理等配套技术的标准化。

二、水稻机械化穴直播技术的特点

上海地区在长期运用水稻机械化穴直播技术的生产实践中积累了十分丰富的经验，

因而当地的水稻机械化穴直播技术也得到了较快的发展。水稻机械化穴直播技术是机械直播技术体系日臻完善的成果，与机械化条直播相比具有明显的优势。

1. 从机械作业效果来看

机械化穴直播技术具有作业效率高、操作简便、适合适度规模的机械化作业等优点。水稻穴直播机采用四轮驱动，克服了水稻条播机动力不足、行走通过性差的问题，在水稻田中的通过性较好。由于其行距可选、穴距可调、播种量可控，因此可适应不同茬口、不同品种和不同地区的水稻种植要求。采用机械化穴直播技术播下的稻种成行、成穴，行距和穴距规范、一致，又因为播种窝眼固定（可在大窝眼、小窝眼之间进行调整），所以每穴的播种量（即穴粒数）也基本一致。良好的机械作业效果可为水稻生长提供良好的生态环境，有利于培育高产群体，实现水稻增产。

2. 从水稻的生长发育来看

机械化穴直播的水稻低位分蘖早、有效穗稳定，没有移栽稻的缓苗期，生育期明显比机械化插秧的水稻缩短，有利于挖掘水稻品种的产量潜力。另外，机械化穴直播在一定程度上可提高水稻的抗倒伏性能，降低倒伏指数，有利于促进个体的生长，优化水稻群体的配置，改善水稻群体质量指标。总之，机械化穴直播有利于水稻的稳产高产。

3. 从经济效益来看

（1）增产节种。水稻穴直播机可以完成开沟、起垄、埋草一体化作业，采用同步开沟、起垄的机械化穴直播技术后，水稻产量的稳定性较高，与人工撒播相比，平均可增产 16.7%。机械化穴直播技术还实现了精量播种，与人工撒播相比，节种效果明显，如常规稻的机械化穴直播用种量为 4 kg/ 亩，而人工撒播的用种量为 5 ~ 6 kg/ 亩。

（2）省工降本。机械化穴直播技术的最大特点是无须辅助人员，可以单人单机作业完成播种任务，省工降本的效果明显。与机械化插秧技术相比，机械化穴直播技术省去了取土、碎土、筛土、做秧田、流水线育苗等环节，单机作业效率提高 50%。

（3）管理方便。水稻穴直播机自身具有一些功能和特点，因而在生产过程中管理方便、作业效率高。

1）水稻穴直播机有压秸秆的功能，可使田块表面平整、美观。水稻穴直播机在作业时，其滑板有再次平地的作用，不但有利于播种出苗，而且可压实秸秆，使田块表面平整、美观。

2）水稻穴直播机有开沟器，有利于进行水浆管理。目前，劳动力紧张、人工成本高，一般家庭农场并没有配套的田内沟系，而水稻穴直播机的开沟器能建立沟系，解决沟系不配套的问题，保证灌排水通畅，有利于搁田控苗。

3）水稻穴直播机的行距大，有利于在田块内进行农业生产工作。水稻穴直播机的行距最小为 20 cm，与人工撒播相比，人员进出方便，便于施肥和秋季二麦套播，提高了工作效率。

学习单元 2

水稻穴直播机的分类

一、按结构形式分类

水稻穴直播机按结构形式主要分为悬挂式和自走式。

1. 悬挂式水稻穴直播机

悬挂式水稻穴直播机通过悬挂装置悬挂在拖拉机上，与拖拉机成为一个整体运行、播种。悬挂式水稻穴直播机可与高速水稻插秧机配套使用，实现插秧、直播两种作业方式的切换；也可与自走式喷杆喷药机配套使用，实现播种、喷药、施肥一机多用的作业模式。

2. 自走式水稻穴直播机

自走式水稻穴直播机一般采用四轮驱动技术，具有平地、压茬、开沟、起垄和穴播的功能，其行距固定，穴粒数和穴距可调。稻种能按设定的穴距播在播种沟内，播种沟两侧为蓄水沟（按需可做排水沟），可以起到蓄水或排水的作用。自走式水稻穴直播机播种速度快、生产效率高、伤种少、可靠性好、空穴率低、增产效果明显。本教材主要介绍自走式水稻穴直播机的操作与维护知识。

二、按排种方式分类

水稻穴直播机按排种方式主要分为机械式和气吹式。

1. 机械式水稻穴直播机

机械式水稻穴直播机通过发动机输出动力驱动槽轮式排种器和施肥器工作，使稻种和肥料分别经排种管和施肥管落入种沟和肥沟中，最后覆土、镇压。

2. 气吹式水稻穴直播机

气吹式水稻穴直播机先通过机械式排种器将稻种连续地排入导种管，然后借助风机产生的气流使稻种与气流的混合体进入分种器，待分种器分种后，稻种通过排种管落入种沟中，由覆土镇压装置对稻种进行覆土和镇压。

三、按播种行距和行数分类

水稻穴直播机有固定的行距，一般为 20 cm 或 25 cm，行数一般不小于 10 行；穴距和穴粒数均可调，穴距一般为 10 cm、12 cm、14 cm、16 cm、18 cm 或 22 cm，穴粒数为 3 ~ 5 粒或 7 ~ 9 粒。常见的机型为 10 行、20 cm 行距，10 行、25 cm 行距，12 行、20 cm 行距以及 12 行、25 cm 行距。10 行、25 cm 行距的水稻穴直播机可用于杂交稻的播种。

学习单元 3

水稻穴直播机的基本构造

自走式水稻穴直播机是指使用具有传动系统、行走系统、液压仿形控制系统、播种系统和操作系统的专用底盘，依靠发动机的动力驱动，由操作人员驾驶或操作进行水稻机械化穴直播作业的农机设备。对于水稻穴直播机来说，行数越多，作业效率越高，但设备会越笨重，价格也越高。农业生产中一般使用行数为 10 行的机型，其发动机额定功率在 13.23～15.43 kW，性价比较高。下面以上海世达尔 2BDXZ-10SCA（20）自走式水稻穴直播机为例，介绍其基本构造。

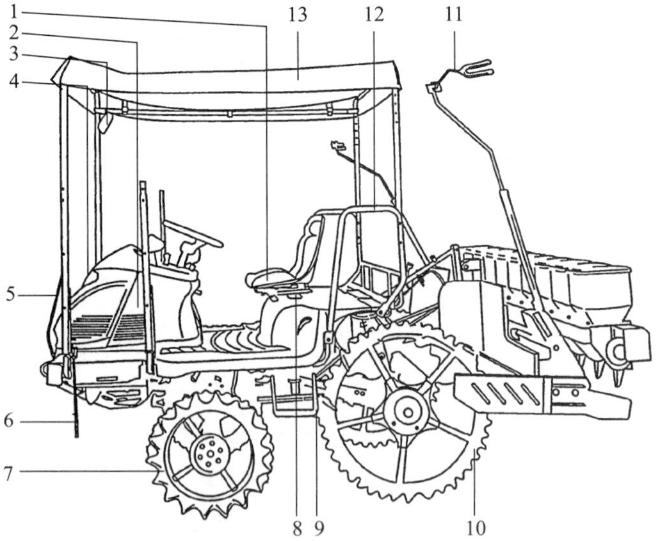

图 1-1　上海世达尔 2BDXZ-10SCA（20）自走式水稻穴直播机外观示意图

1—驾驶座　2—发动机　3—倒车镜　4—前照灯　5—中央标杆　6—侧标杆　7—前轮　8—燃油注油口　9—登车脚踏板　10—后轮　11—划线杆　12—护栏　13—遮阳篷

上海世达尔 2BDXZ-10SCA（20）自走式水稻穴直播机外观示意图如图 1-1 所示，其主要技术参数见表 1-1。

表 1-1　上海世达尔 2BDXZ-10SCA（20）自走式水稻穴直播机的主要技术参数

名称			上海世达尔自走式水稻穴直播机
型号			2BDXZ-10SCA（20）
类别			乘坐式
整机尺寸（长 × 宽 × 高）			3 130 mm × 2 120 mm × 2 350 mm
质量			850 kg
发动机	型号		3TNM72-CUP2
	型式		水冷四冲程三缸柴油发动机
	额定功率		15.4 kW
	转速		3 200 r/min
	燃油类型		柴油
	燃油箱容量		37 L
	启动方式		电启动
行走部	驱动方式		四轮驱动
	转向方式		液压助力转向
	轮胎直径	前轮	650 mm（实心轮胎）
		后轮	950 mm（橡胶凸缘轮胎）
	变速挡位		前进 2、后退 1（无级变速）
播种部	播种方式		穴播
	排种器型式		组合型孔轮式
	播种箱数量		10 个
	播种箱容量		10 L
	行数		10 行
	行距		20 cm
	穴距（六挡可调）		10 cm、12 cm、14 cm、16 cm、18 cm、22 cm
	单穴播种量	大窝眼（常规稻）	7～9 粒
		小窝眼（杂交稻）	3～5 粒
作业速度			1 m/s
作业效率			60～80 亩 / 天

一、动力系统

动力系统以发动机为主，发动机是整个水稻穴直播机的“心脏”，是产生并输出动力的设备，它把燃油燃烧产生的热能转换为机械能。常用的发动机有汽油发动机和柴油发动机两种，在相同功率的情况下，柴油发动机比汽油发动机油耗少、二氧化碳排放量低，相对节能环保。自走式水稻穴直播机必须选配乘坐式插秧机机头的发动机，其功率在 13.23 ~ 15.43 kW。

二、传动系统

水稻穴直播机的传动系统由主变速箱、齿轮箱等组成，其功能是先将发动机产生的动力传递到各个工作部件，如驱动车轮和变速箱，再由变速箱将动力通过传动轴传递到齿轮箱，然后由链轮和链条将动力传递到排种器。传动系统的变速方式分为挡位变速和无级变速，其中无级变速所用的设备有 VDT-CVT（金属带式无级变速器）、HST（静液压无级变速器）、HMT（液压机械无级变速器）等，其中 HMT 的传动效率最高。无级变速可零速启动，启动平稳，速度变化顺畅。

三、行走系统

行走系统的行走装置主要由行走轮和船体两部分组成。常用的行走装置一般是四轮的，所用的行走轮应具备以下特点：在泥水中有较好的驱动性；轮圈上附加加力板，轮圈和加力板不易挂泥；具有良好的转向性能。乘坐式水稻穴直播机的驱动方式分为二轮驱动和四轮驱动两种，一般二轮驱动以后轮驱动为主，而四轮驱动在水稻穴直播机经过田埂和后轮无法抓地时可提供额外的驱动力。在特殊情况下，如田块较烂、泥水很深时，还可增加辅助后轮，以提高水稻穴直播机的通过能力。

四、液压仿形控制系统

液压仿形控制系统（见图 1–2）主要由液压泵、油缸、控制阀、控制阀臂、仿形连动臂、油压连动臂、控制手柄、拉线、浮板装置等组成。其功能是利用浮板装置与机体之间的相对位置变化来控制液压油缸，改变行走轮与机体的位置，使机体与浮板装置保持一个相对稳定的状态，从而达到稳定播种深度的目的。

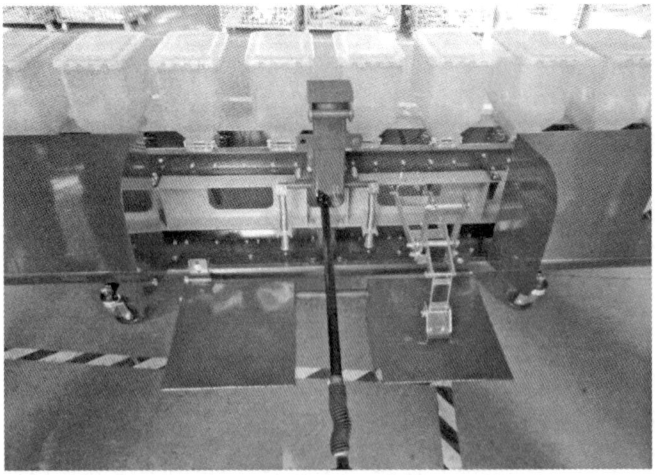

图 1–2　液压仿形控制系统

五、播种系统

播种系统主要由播种箱、排种器、浮板装置（包含浮板等）、滑板装置（包含滑板、播种沟和蓄水沟开沟器、后挡泥板等）、平衡装置、左右挡泥侧板、机架、万向联轴器等组成，如图 1–3 所示。

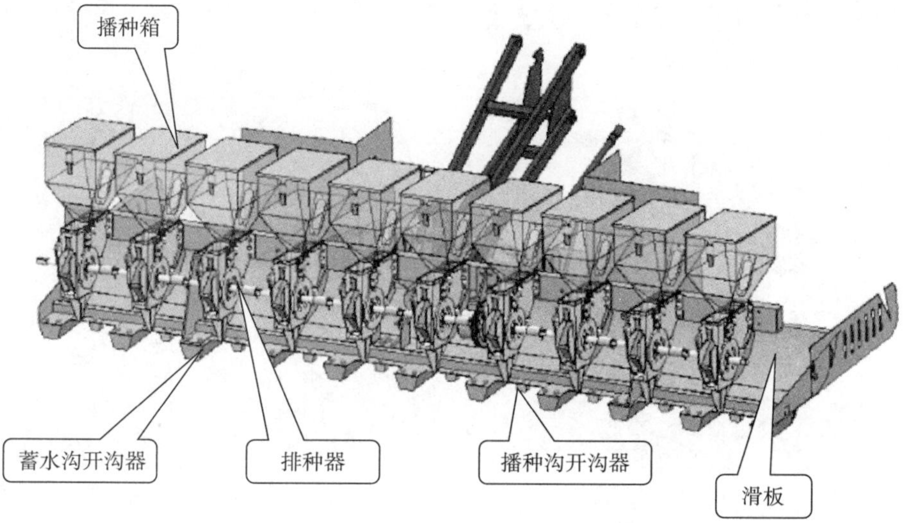

a）

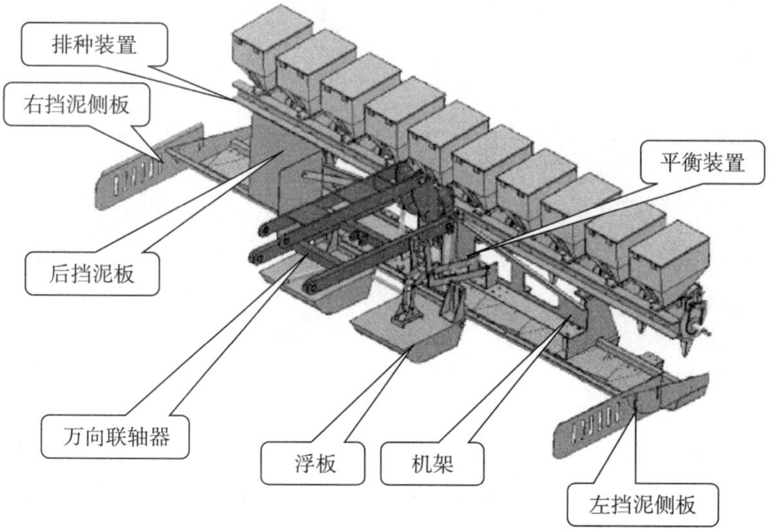

b）

图 1–3　播种系统

a）前部　b）后部

1. 播种箱

播种箱用来装稻种，每个排种器对应一个播种箱，每个播种箱的容量为 10 L。

2. 排种器

排种器是水稻穴直播机的关键部件，每行分别对应一个独立的排种器。排种器由外壳、窝眼式排种轮、播种嘴、卸种板、限种板、毛刷轮、护种胶带等组成，如图 1-4 所示。排种器的主要功能包括充种、清种、护种和排种。

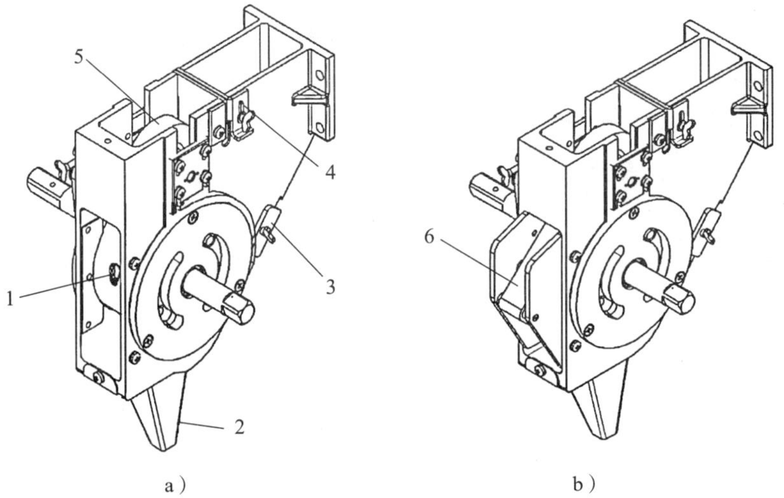

图 1-4 排种器

a）卸下护种胶带 b）装上护种胶带

1—窝眼式排种轮 2—播种嘴 3—卸种板 4—限种板 5—毛刷轮 6—护种胶带

3. 浮板装置

浮板装置主要由浮板和连接架组成。浮板作为整个装置的传感器，通过连接架和钢索与底盘的液压感度调节装置配合，实现仿形作业，使整个播种部的工作高度随田块表面的高低起伏而变化，减少壅泥。

4. 滑板装置

滑板装置用于平整田块表面、开沟和起垄，为机械化穴直播提供表面状态较好的田块。滑板装置由滑板、开沟器、后挡泥板等组成。滑板主要起平整田块表面的作用。开沟器分为蓄水沟开沟器和播种沟开沟器，其中蓄水沟开沟器主要起开蓄水沟和起垄的作用，而播种沟开沟器可以开出具有一定宽度和深度的播种沟。后挡泥板的作用主要是防止后轮上的泥土落到浮板上。

5. 平衡装置

在田块泥脚不平的情况下，为了保证播种部与田块表面保持相对水平状态，播种系统配备了一种由轴承座和压力弹簧组成的平衡装置（见图 1–5）。平衡装置可使水稻穴直播机顺利地进行仿形作业。

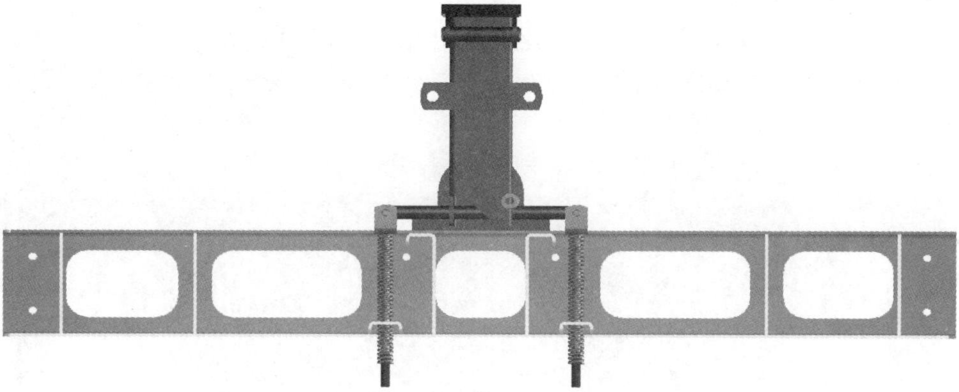

图 1–5　平衡装置

6. 左右挡泥侧板

左右挡泥侧板（见图 1–6）用于分隔播种行，并阻止从播种行涌出的泥浆涌入已播行，降低壅泥对已播田块的影响。作业时将其调节到紧贴田块表面即可。

图 1–6　左右挡泥侧板

7. 机架

机架是支撑发动机及水稻穴直播机各系统的骨架。

8. 万向联轴器

万向联轴器的主要作用是当底盘的动力输出轴停止工作时，切断排种器的动力。

相关链接

播种系统与行走系统的快速连接装置

快速连接装置（见图 1-7）可使播种系统与行走系统实现快速连接，具体方法如下。

图 1-7 快速连接装置

（1）将播种部的上、下连接杆安装在水稻穴直播机底盘原连接杆的安装位置。

（2）锁定底盘的油压阀，将油压输入、输出接头分别与油缸相连；开启油压阀，使油缸连接下连接杆。

（3）使用随机配备的钢插销连接水稻穴直播机，应先确定主钢插销的位置（保证播种部被抬高时能垂直上升），插入主钢插销，再进行副钢插销的连接，最后用固定螺栓（共 3 个，主钢插销下方一个，与图 1-7 所示固定螺栓对称的位置还有一个）固定。

（4）将底盘上的仿形机构钢索与浮板装置的连接架进行连接，调整钢索至长度适当。

（5）将底盘的液压升降限位杆与下连接杆的限位安装销进行连接。在启动底盘发动机后，操作播种升降手柄，将播种部抬起，播种部应在到达预定高度后自动停止，并保持在这一高度。

（6）如果水稻穴直播机有翘头倾向，应在机头前部两侧均匀地安装配重块，并将其固定牢靠。

（7）使用随机配备的万向联轴器连接底盘的输出轴与齿轮箱的输入轴。

（8）操作底盘的升降油压手柄，将播种部放下。

六、操作系统

水稻穴直播机的控制主要是由操作系统来完成的。水稻穴直播机的操作系统主要包括转向盘、主变速手柄、油压感度调节手柄、风门手柄、油门手柄、速度固定手柄、播种升降手柄、穴距调节手柄、驻车手柄、制动踏板、变速踏板、差速锁止踏板、播种部升降开关、钥匙开关等操作装置。

学习单元 4

水稻穴直播机的安全要求及注意事项

一、驾驶操作人员要求

水稻穴直播机驾驶操作人员应参加具有水稻穴直播机培训资质的机构或生产厂家主办的水稻穴直播机操作技术培训，熟悉水稻穴直播机使用说明书的内容，掌握水稻穴直播机的结构、原理、维护要领、操作要领和机械化穴直播技术，熟悉安全操作规定，并获得相应的操作证书。

二、设备安全要求

1. 使用水稻穴直播机之前，要进行检查，及时发现异常情况并进行维护。注意，使用维护不良的水稻穴直播机容易发生故障，甚至引发各类事故。

2. 要及时更换损坏的部件，补充遗失的部件。

3. 要对离合器、制动踏板、转向盘、安全装置等进行日常检查，如有严重磨损应及时更换。

4. 要定期检查螺栓及螺母有无松动。

5. 要经常清洗水稻穴直播机，保持其干净、清洁，因为灰尘、油脂和垃圾的黏附与堆积可能会引起火灾。

6. 不要改装水稻穴直播机，因为改装可能影响水稻穴直播机的安全性，易引发各类事故，还会影响其功能，缩短其使用寿命。

三、安全注意事项

水稻穴直播机的驾驶操作人员及辅助人员要穿合身的工作服，袖口要扣紧，严禁穿肥大的衣服，以避免肥大的衣服被卷入水稻穴直播机或被操作装置钩住，从而导致事故；要穿防滑的安全鞋，避免摔倒；要戴好安全头盔，不能把毛巾缠在头上、脖子上或束在腰间，以避免毛巾被卷入水稻穴直播机，从而导致事故。

水稻穴直播机的核定乘坐人数为 1 人，除了驾驶操作人员，其他人不可以搭乘。初次驾驶操作水稻穴直播机时，应低速运行。

学习单元 5

水稻穴直播机的操作装置

上海世达尔 2BDXZ-10SCA（20）自走式水稻穴直播机部分操作装置示意图如图 1-8 所示，仪表盘及开关示意图如图 1-9 所示。

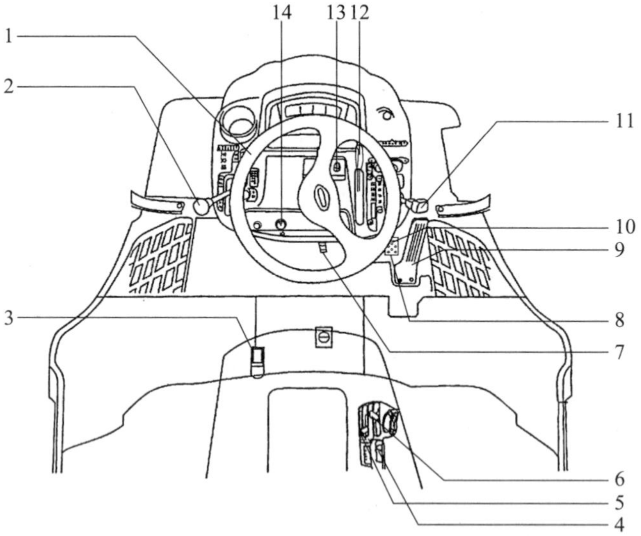

图 1-8 上海世达尔 2BDXZ-10SCA（20）自走式水稻穴直播机部分操作装置示意图
1—转向盘 2—主变速手柄 3—差速锁止踏板 4—油压感度调节手柄 5—副穴距调节手柄
6—主穴距调节手柄 7—油门手柄 8—制动踏板 9—变速踏板 10—驻车手柄 11—播种升降手柄
12—速度固定手柄 13—平衡装置 UFO 操作开关 14—前照灯开关

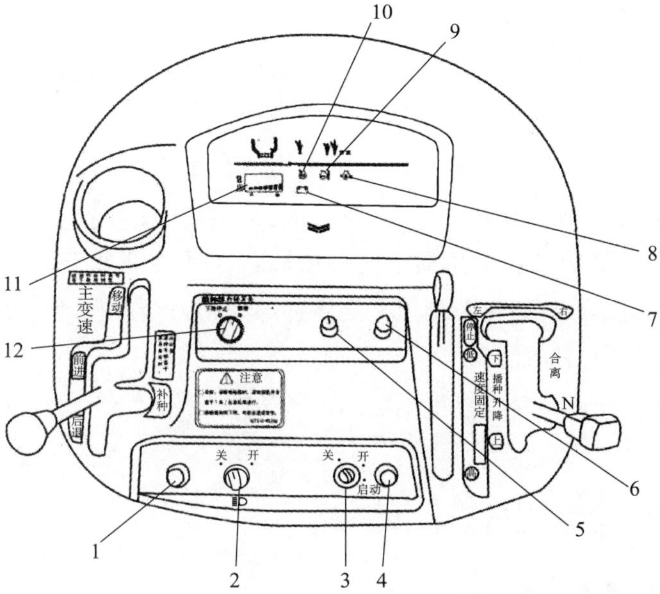

图 1–9　上海世达尔 2BDXZ–10SCA（20）自走式水稻穴直播机的仪表盘及开关示意图

1—喇叭按钮　2—前照灯开关　3—钥匙开关　4—蜂鸣器停止开关　5—平衡装置 UFO 操作开关手动开关

6—平衡装置 UFO 操作开关微调整旋钮　7—充电报警灯　8—发动机油压报警灯

9—发动机水温报警灯　10—预热提示灯　11—液晶面板　12—播种部升降开关

一、转向盘

转向盘（见图 1–10）用于水稻穴直播机的转弯操作。将转向盘向右打，则机体向右旋转；向左打，则机体向左旋转。若将转向盘向右或向左打 180° 以上，则转向侧后轮的动力会被切断，能顺利转弯。

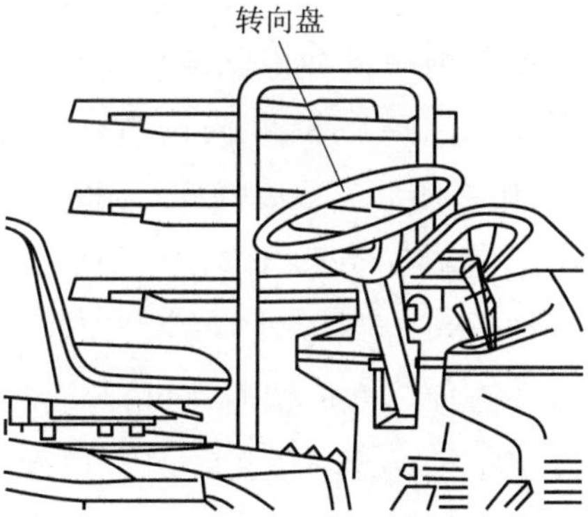

图 1–10　转向盘

二、主变速手柄

主变速手柄用于改变前进方向和行走速度，可在前进、中立、移动、后退、补种间切换。应在踩住制动踏板、水稻穴直播机停止前进后，再切换主变速手柄的挡位，其挡位如图 1–11 所示，各挡位的作用和使用注意事项如下。

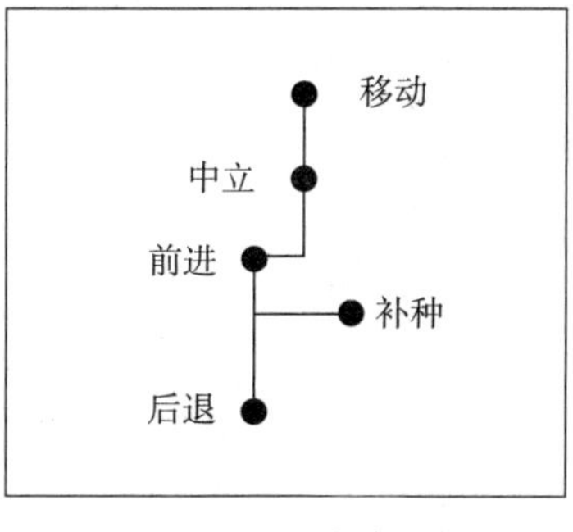

图 1–11　主变速手柄挡位

“移动”位置：在乡村道路高速行驶时使用。注意，在水稻田内使用“移动”挡会损坏变速箱，因此不要在进行播种作业时使用这个挡位。

“中立”位置：切断车轮的动力，水稻穴直播机停止行进，只在驱动播种部时使用。

“前进”位置：进行播种作业、出入水稻田或在水稻田内移动、装卸水稻穴直播机、在机耕道上低速行驶时使用。

“后退”位置：水稻穴直播机后退时使用。若在播种部处于下降状态时（如播种时），将主变速手柄置于“后退”位置，则播种部的动力会被自动切断，排种器停止转动，同时播种部自动上升。

“补种”位置：为水稻穴直播机添加稻种时使用。

三、油压感度调节手柄

在进行播种作业时，应根据田块的软硬程度调节油压感度调节手柄（见图 1–12），使播种部的滑板与田块表面贴合，起到压茬平地、防止壅泥的作用，同时保证良好的开沟、起垄效果，并在一定范围内自动控制播种深度。在“软田”侧，灵敏度升高，滑板上浮；在“硬田”侧，灵敏度降低，滑板下沉。油压感度调节手柄挡位和水稻田状态的对应情况可以参考表 1–2。当踩下变速踏板，播种速度加快时，可以将油压感度调节手柄调至“硬田”侧，以保证一定的播种深度。

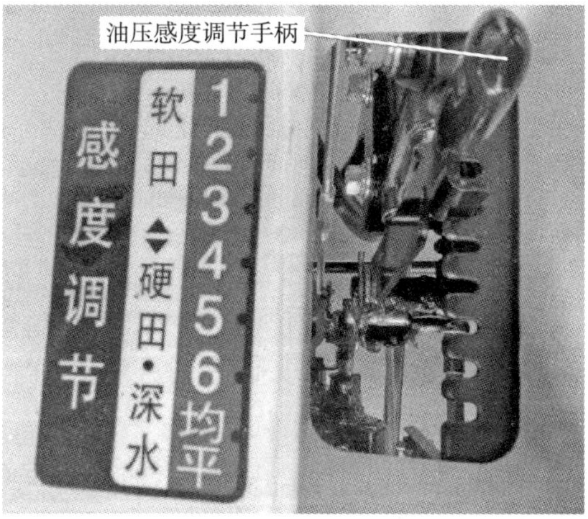

图 1–12　油压感度调节手柄

表 1–2　油压感度调节手柄挡位和水稻田状态对应表

挡位	水稻田状态
1、2	水稻田偏软（滑板壅泥）
3	出厂状态
4、5、6	水稻田偏硬（滑板均平效果不好或滑板不触及田块表面）
均平	因车轮或人员行走使水稻田不平整

四、风门手柄

风门手柄（见图 1–13）主要用于气温低、发动机不易启动时，拉出该手柄易于启动发动机。在发动机启动后要将该手柄推入。拉出该手柄时，混合气体（即汽油与空气的混合气体）浓度上升，便于低温启动，推入后则混合气体浓度恢复正常。

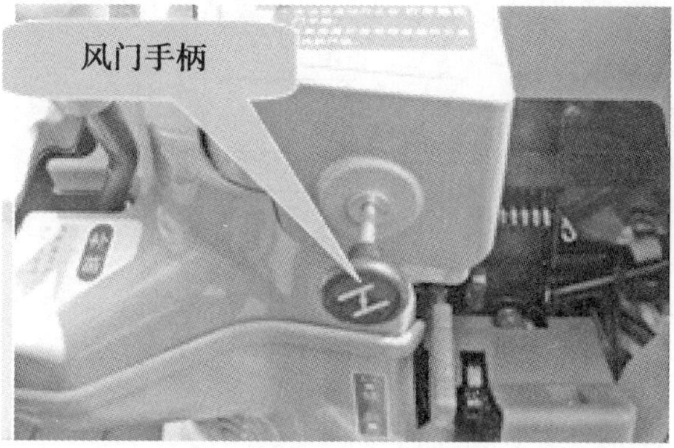

图 1–13　风门手柄

五、油门手柄

油门手柄（见图 1–14，又称手油门）一般在调节发动机转速时使用。将油门手柄向下拉，它置于“高速”位置，发动机转速提高；将油门手柄向上拉，它置于“低速”位置，发动机转速降低。注意，在深水稻田作业时，为了防止因变速踏板的操作不及时导致发动机熄火，一般事先将发动机转速提高。

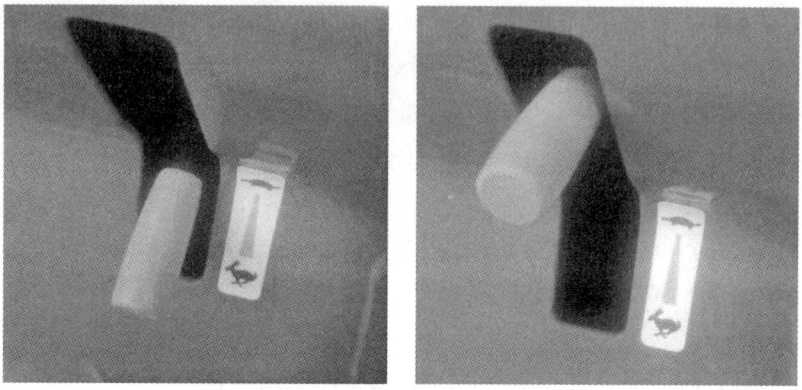

a）　　b）

图 1–14　油门手柄

a）“高速”位置　b）“低速”位置

六、速度固定手柄

速度固定手柄（见图 1–15）用于固定行走速度。将速度固定手柄置于“停止”位置，水稻穴直播机将停止行走，同时速度固定解除；将速度固定手柄置于“低”侧，行走速度变慢；将速度固定手柄置于“高”侧，行走速度变快。

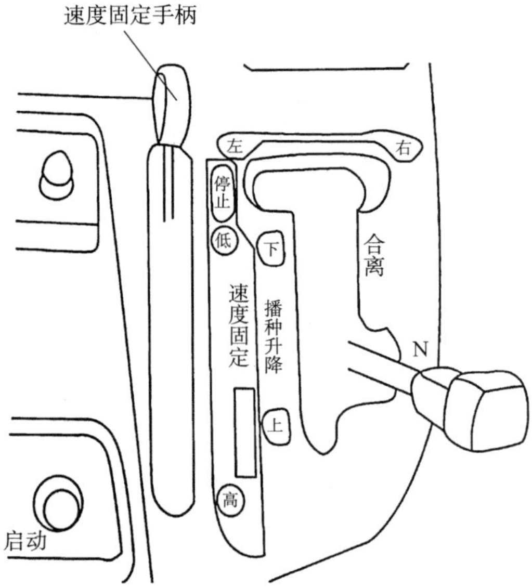

图 1–15　速度固定手柄

1. 常规操作（建议在大田块中使用）

（1）在水稻穴直播机作业状态稳定后，把速度固定手柄固定在当前位置（“高”侧或“低”侧），把脚从变速踏板上挪开，水稻穴直播机便以某固定速度进行作业。

（2）当需要降速（或提速），要边行走边解除速度固定时，可用脚轻踩变速踏板，同时将速度固定手柄置于“停止”位置，即解除速度固定。

（3）当速度固定解除后，不要在速度固定手柄置于“停止”位置时松开变速踏板，可将速度固定手柄置于“低”侧（或“高”侧）后松开变速踏板，则行走速度变慢（或变快）。

2. 注意事项

（1）在停车或制动状态下，不要强行操作速度固定手柄。

（2）在主变速手柄置于“移动”位置行走时，严禁操作速度固定手柄，因为在解除速度固定时，水稻穴直播机会急停，可能引起人身伤害事故。

七、播种升降手柄

播种升降手柄可以控制播种部的升、降和固定，播种部工作和停止工作，以及划线杆的放下。播种升降手柄挡位如图 1–16 所示。注意，在操作播种升降手柄时，务必松开变速踏板。

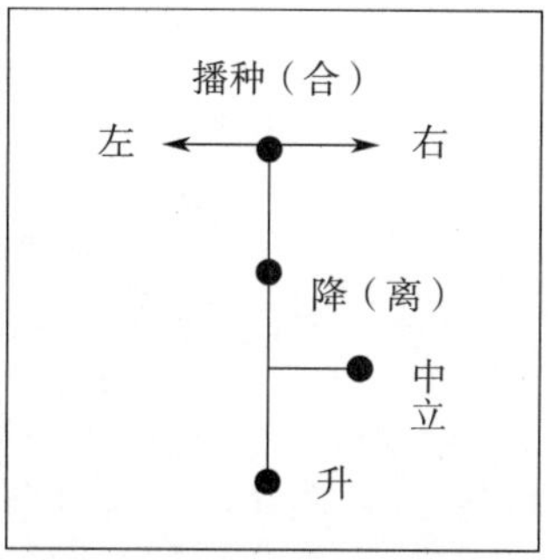

图 1–16　播种升降手柄挡位

1. 播种部的升、降和固定

“升”位置：播种部上升。

“中立”位置：播种部固定在一定高度上。

“降（离）”位置：播种部下降，且油压感度调节手柄在一定范围内自动控制播种深度。

2. 播种部工作和停止工作

“播种（合）”位置：播种部工作。

“降（离）”位置：播种部停止工作。

3. 划线杆的放下

播种升降手柄在“播种（合）”位置时可向左或向右扳动，以操作划线杆。

“左”位置：放下左侧划线杆。

“右”位置：放下右侧划线杆。

八、穴距调节手柄

穴距调节手柄用于调节播种穴距，由两个手柄组成，如图 1–17 所示。这两个手柄共同调节穴距，共有 6 挡可调，分别是 10 cm、12 cm、14 cm、16 cm、18 cm、22 cm。

九、驻车手柄

驻车手柄（见图 1–18）用于停车和装车后进行制动锁定。将制动踏板踩到底后，将驻车手柄置于“锁定”位置，则制动锁定生效。解除制动锁定时，轻踩制动踏板，则驻车手柄回到“解除”位置，制动锁定即被解除。

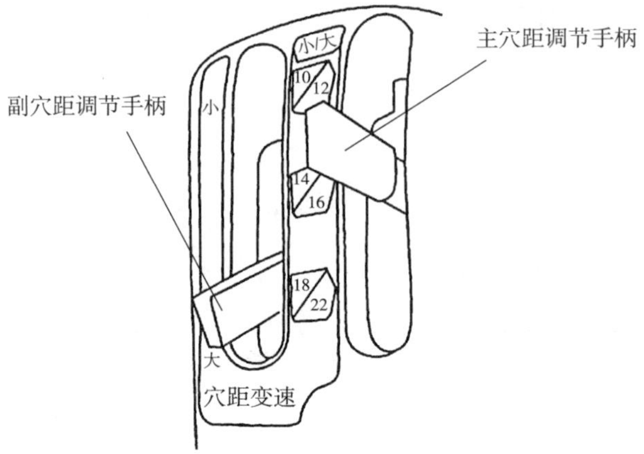

图 1–17　穴距调节手柄

a）

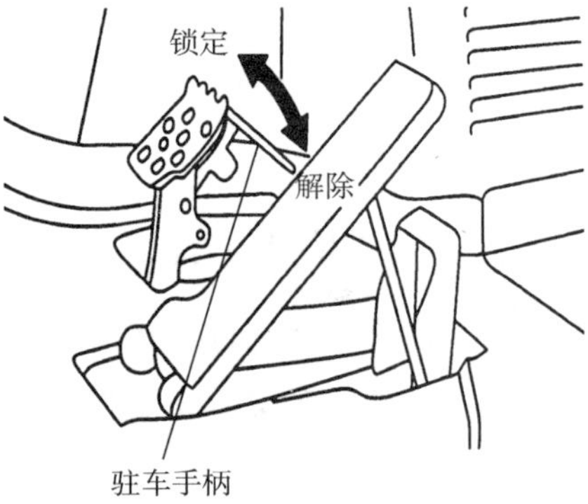

b）

图 1–18　驻车手柄

a）实物图　b）示意图

十、制动踏板

制动踏板（见图 1–19）用于水稻穴直播机作业中的停止和行走时的停车。当踩下制动踏板时，制动生效，且主离合器分离，来自发动机的动力传不到变速箱。因为踩制动踏板时联动减速，所以停止作业、停车时要将其踩到位（俗称踩死）。注意，若无紧急情况，不要猛踩制动踏板。

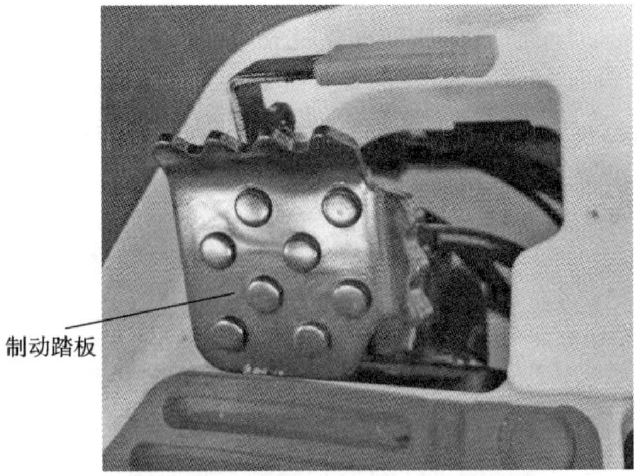

图 1–19　制动踏板

十一、变速踏板

变速踏板（见图 1–20，又称脚油门）用于调节水稻穴直播机播种时的前进速度和未播种时的移动（包括前进、后退）速度。踩下变速踏板时，水稻穴直播机的行走速度加快，变速箱转换到高速侧，发动机转速提高；松开变速踏板时，变速箱转换到低速侧，水稻穴直播机行走速度减慢；待变速踏板完全恢复至初始位置时，变速箱停止变速，发动机转速降至最低。

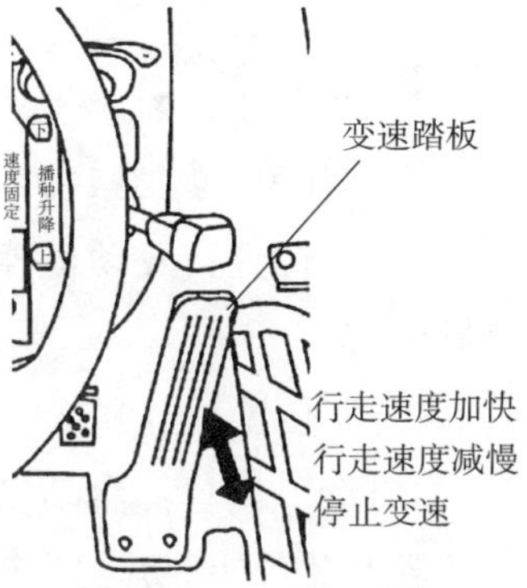

图 1–20　变速踏板

需要注意的有两点：一是踩下及松开变速踏板均应缓慢操作，不要猛踩和突然松开变速踏板；二是需要停车时，应将主变速手柄置于“中立”位置，松开变速踏板，配合踩下制动踏板。

十二、差速锁止踏板

差速锁止踏板（见图 1–21）用于水稻穴直播机跨越田埂或在水稻田中移动，发生单只前轮打滑、不易行走的情况。差速锁止踏板只对前轮起作用，用途是降低水稻穴直播机的行走速度。踩下差速锁止踏板后，左、右前轮被锁定，可防止单轮空转引起打滑；松开差速锁止踏板后，差速锁定被解除。

注意，在踩下差速锁止踏板前，要将转向盘打直，因为踩下差速锁止踏板时，机身内部的差速锁止齿轮会啮合，若转向盘未打直，差速锁止齿轮就有可能被打坏。

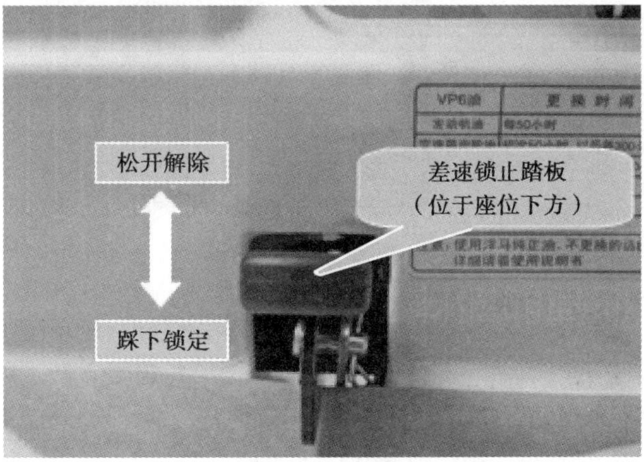

图 1–21　差速锁止踏板

十三、发动机控制和电气开关

1. 钥匙开关

钥匙开关（见图 1–22）用于发动机的启动与停止。

“关”位置：发动机停止工作，电源被切断，可拔出钥匙。

“开”位置：电源被接通。

“启动”位置：启动发动机，待发动机启动后，手离开钥匙开关，钥匙开关自动回至“开”位置。

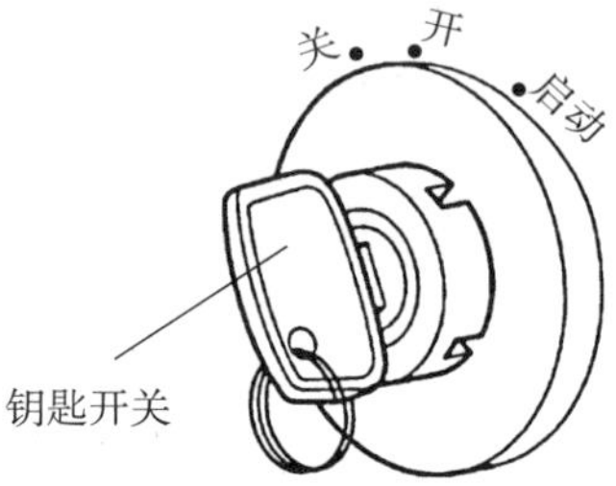

图 1–22　钥匙开关

2. 燃油开关

燃油开关（见图 1–23）位于发动机舱的左侧，可控制燃油的供给。

“开”位置：在发动机启动的条件下，向发动机供油。

“关”位置：在水稻穴直播机处于长期保管状态时，停止向发动机供油。

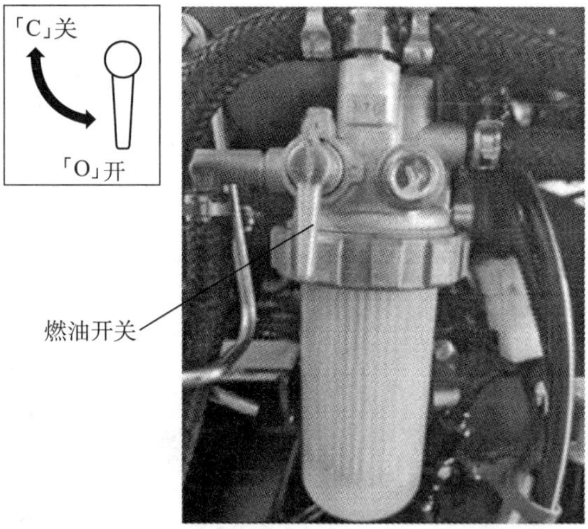

图 1–23　燃油开关

3. 前照灯开关

前照灯开关（见图 1–24）用于控制前照灯。将钥匙开关置于“开”位置，将前照灯开关旋转到右侧（即“开”位置）时前照灯点亮，将前照灯开关旋转到左侧（即“关”位置）时前照灯熄灭。

图 1–24　前照灯开关

4. 喇叭按钮

喇叭按钮（见图 1–25）位于前照灯开关的左侧，用于鸣喇叭。将钥匙开关置于“开”位置，按住喇叭按钮即可鸣喇叭，松开则喇叭停止鸣叫。

5. 平衡装置 UFO 操作开关

平衡装置 UFO（UFO 可以理解为不明原因导致的不平衡）操作开关（见图 1–26）包括一个手动开关和一个微调整旋钮。若作业时播种部略微倾斜，用平衡装置 UFO 操作开关可调节播种部至水平。在田埂边等倾斜位置作业时，也可以使用这组操作开关调整播种部。当播种升降手柄置于“中立”或“升”位置时，可用手动开关对倾斜的播种部进行调整。当进行播种作业时，操作微调整旋钮才起作用。

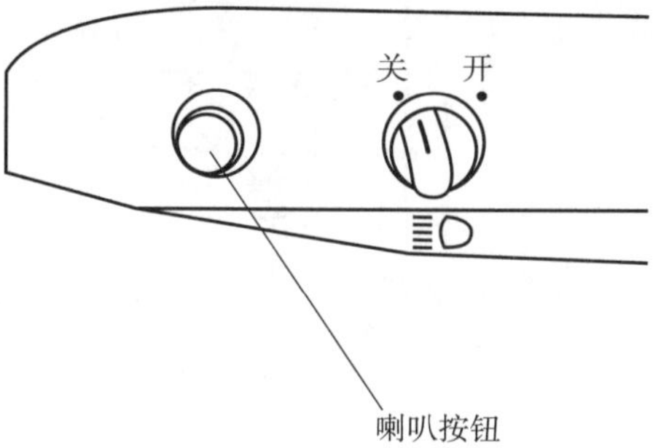

图 1–25 喇叭按钮

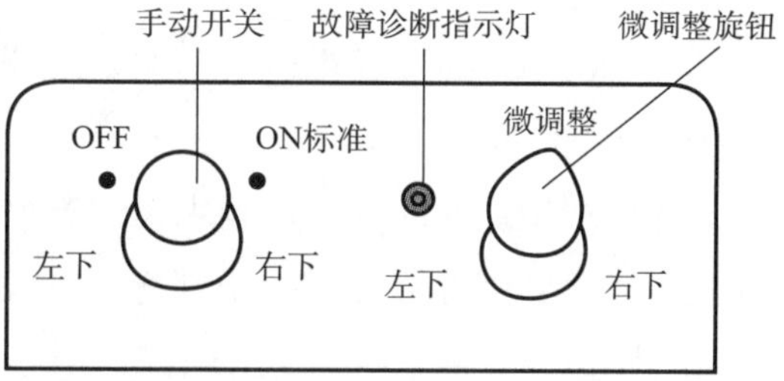

图 1–26 平衡装置 UFO 操作开关

在对播种部进行检查和修理时，可通过故障诊断指示灯（内含发光二极管）的状态进行该装置的故障诊断。当该装置正常时，故障诊断指示灯为熄灭状态；当该装置发生故障时，故障诊断指示灯会闪烁。

6. 播种部升降开关

在移动、检修、保管水稻穴直播机时，使用播种部升降开关（见图 1–27）可以对播种部进行锁定，防止其突然下降。

“下降停止”位置：播种部被锁定，播种升降手柄无效。

“解除”位置：播种部的锁定被解除，播种升降手柄的作用恢复。

图 1–27 播种部升降开关

十四、其他辅助部件

中央标杆、侧标杆和划线杆如图 1–28 所示。

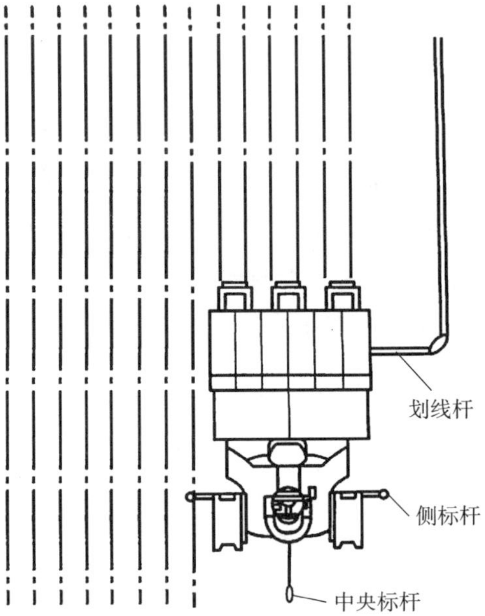

图 1–28　中央标杆、侧标杆和划线杆

1. 中央标杆

水稻穴直播机靠中央标杆对准划线杆划出的划痕进行作业，在保证直行的同时，还可以保证行距适宜。中央标杆可以转动，故可以调节至驾驶操作人员最容易观察的位置。

2. 侧标杆

当在田埂边播种或难以看清用划线杆划出的划痕时，可用侧标杆（见图 1–29）来大致确保行距。此时，应调整水稻穴直播机的位置，直到侧标杆正好位于邻行上方，以保证行距适宜。

当运输、移动或保管水稻穴直播机时，可以将侧标杆向前转并收拢。

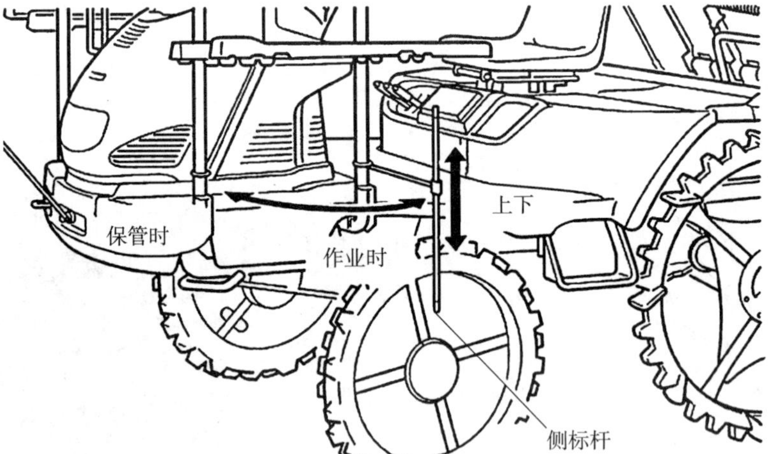

图 1–29　侧标杆

3. 划线杆

划线杆的用途是水稻穴直播机作业时在水稻田表面划出划痕，驾驶操作人员借助划痕操作机身保持适宜的行距并保持直线前进。划线杆的放下是通过播种升降手柄完成的，划线杆的收起是与播种部的上升同时完成的。运输及移动水稻穴直播机时，要用挂钩将划线杆进行固定，如图 1–30 所示。

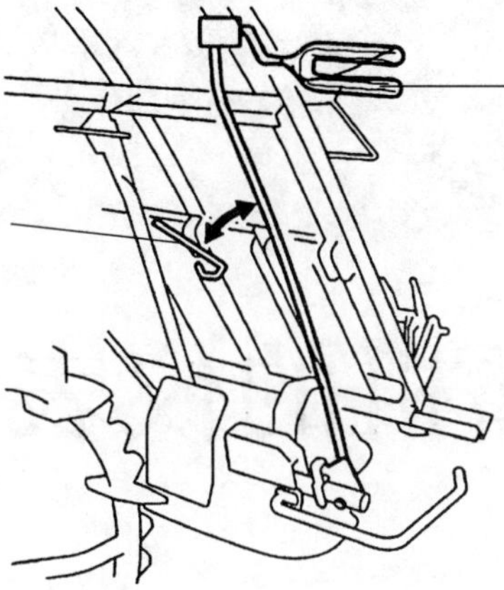

图 1–30　用挂钩将划线杆进行固定

学习单元 6

水稻穴直播机的仪表盘

仪表盘（见图 1–31）主要显示水稻穴直播机运转时的信息和机械化穴直播作业的信息。仪表盘上主要有液晶面板（包含计时器和燃油表）、预热提示灯、发动机水温报警灯、发动机油压报警灯、充电报警灯等。仪表盘主要显示部位的功能见表 1–3。

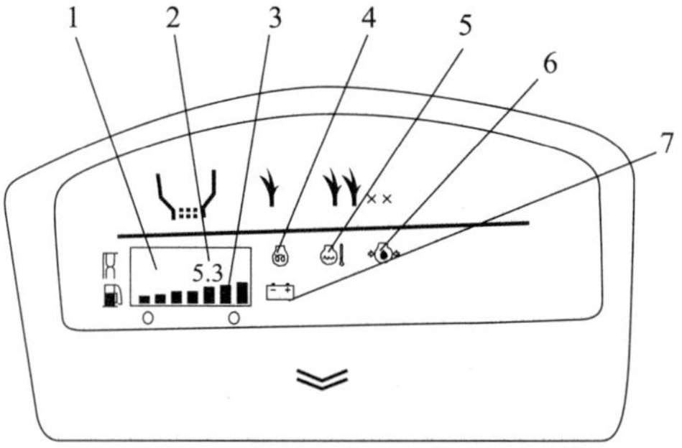

图 1–31　仪表盘

1—液晶面板　2—计时器　3—燃油表　4—预热提示灯　5—发动机水温报警灯

6—发动机油压报警灯　7—充电报警灯

表 1–3　　仪表盘主要显示部位的功能

部位名称	图示	功能
计时器	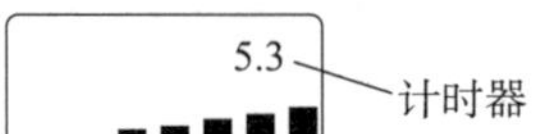	显示累计使用时间，在发动机启动后开始计数，每 6 min 计 0.1。注意，累计使用时间不能复位

续表

部位名称	图示	功能
燃油表	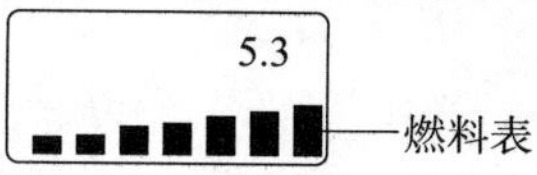	显示燃油余量
预热提示灯	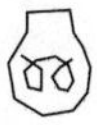	把钥匙开关置于“开”位置，该灯就会亮起（持续 3～4 s），该灯熄灭则表示预热结束
发动机水温报警灯		当冷却液的温度异常升高时，该灯会亮起以示提醒
发动机油压报警灯		把钥匙开关置于“开”位置，该灯就会亮起；发动机启动后，该灯就会熄灭。如果发动机工作时油压不足，或润滑油油路发生异常，该灯又会亮起以示提醒
充电报警灯	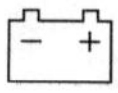	把钥匙开关置于“开”位置或发动机停止向蓄电池充电时，该灯就会亮起

学习单元 7

水稻穴直播机的启动与关停

一、各环节的操作注意事项

1. 作业前

（1）应在无交通事故隐患的平坦场所安装水稻穴直播机。

（2）发动机的启动应尽量在室外进行，若不得不在室内启动和运转发动机，应打开门窗进行充分换气，因为发动机排出的气体是有害的。

（3）在水稻穴直播机作业前，应对其进行检查，如果发现异常情况应及时修理。例如，发动机、消音器、燃油箱周围的杂物、垃圾等要及时清理。

若因为检查而卸下防护装置，在检查结束后，必须把防护装置装回原处。

2. 运行或作业中

（1）水稻穴直播机仅允许一名驾驶操作人员乘坐，其他人不得搭乘。

（2）除紧急情况外，禁止驾驶操作人员从运行或作业状态下的水稻穴直播机上跳下，也禁止其他人攀上水稻穴直播机。

（3）禁止与作业无关的人员靠近水稻穴直播机。

（4）应时刻注意水稻穴直播机的周围情况，确保安全，尤其是在起步时。

（5）在倾斜位置作业如越埂、越沟时，或出入耕地、通过松软的地面时，为了防止水稻穴直播机翻倒，应注意操作方法，放慢速度。

（6）在机耕道上行驶时，不要急速起步、刹车或转弯。在上坡时，应注意观察前轮是否离地。禁止在坡道上斜行和转弯。

（7）水稻穴直播机不能擅自在公路上行驶，应装上卡车进行运输。在装卸水稻穴直播机时，为了防止其翻倒或坠落，应采取必要的固定措施。

（8）不要进行夜间作业，因为夜间不易看清周围情况，可能会引发意外事故。

（9）若需要进行检查，必须在停止发动机且周围环境安全的状态下进行。

（10）当驾驶操作人员因休息而离开时，应把水稻穴直播机停在安全的场所，且把播种部降下。如果水稻穴直播机停在倾斜地面上，必须用车轮制动器卡住驱动轮，以免发生溜车事故。

3. 作业后

（1）作业结束后，必须对水稻穴直播机进行检查、保养，为下一次的作业做准备。

（2）作业结束后，应将水稻穴直播机停放在安全的场所。若水稻穴直播机长期不用，应入库保管。

（3）应避免在有干草、干布等可燃物的场所临时停放水稻穴直播机。

二、启动前的检查

启动前的检查主要包括人员检查、稻种检查、田块检查和穴直播机检查，其中穴直播机检查是最重要的一环，直接影响作业质量，因此，下面主要介绍穴直播机检查的具体内容。

1. 外观检查

（1）拆卸前、后罩盖和前底板，确认燃油管路是否老化、有无损伤，连接卡箍是否松动，燃油是否泄漏。如果燃油管有老化或损伤等情况，应进行修理、更换。

（2）确认电气线路导线是否与其他零部件接触，导线表皮是否破损，连接部位是否松动。作业前，清除附着在蓄电池及电气线路导线上的杂物、泥土，防止引起火灾。

（3）检查轮胎有无损伤和磨损，传动带有无损伤，各部件有无变形、损伤，螺栓是否松动。检查过后，务必要将拆卸的前、后罩盖和前底板按原样安装好。

（4）应清理机身各部位的杂物、泥土，并按使用说明书的规定进行全面的检查和调整。

（5）进行各显示部件、操作装置的安全检查，如检查前照灯、喇叭是否正常，液晶面板有无异常信息，各操作手柄、开关的工作状态是否正常，等等。如果发现有部件磨损或损坏，应予以更换。

2. 发动机检查

（1）检查燃油是否足够并打开燃油开关检查其功能，若燃油不够应及时补充。注意，补充燃油时严禁吸烟或使用明火。补充燃油后，要盖好加油口盖，并擦去溢出的燃油，避免引发火灾。

检查发动机机油面是否位于油标尺的上、下限刻线之间，同时检查是否漏油。

（2）检查、清洗空气滤清器。松开固定空气滤清器的搭扣（共 3 处），拆下空气滤清器上部的蝶形螺钉，取出内部滤芯，拆下海绵和内侧的过滤纸。抖落附着在过滤纸上的灰尘，将海绵用煤油或汽油清洗干净，待海绵完全干燥后再安装。

3. 驾驶台检查

进行试坐，检查驾驶座是否舒适，变速踏板的安装角度和身体与转向盘的距离是否合适，若不舒适、不合适，可进行调整。

驾驶座的调节方法有以下两种，如图 1–32 所示。

（1）使用平头销调节。卸下开口销，拔下平头销后即可前后移动座椅进行调节，调节好后插入平头销，用开口销固定。

（2）使用前后调节手柄调节

1）将前后调节手柄向上拉。

2）前、后调节驾驶座。

3）放下前后调节手柄，驾驶座被固定。

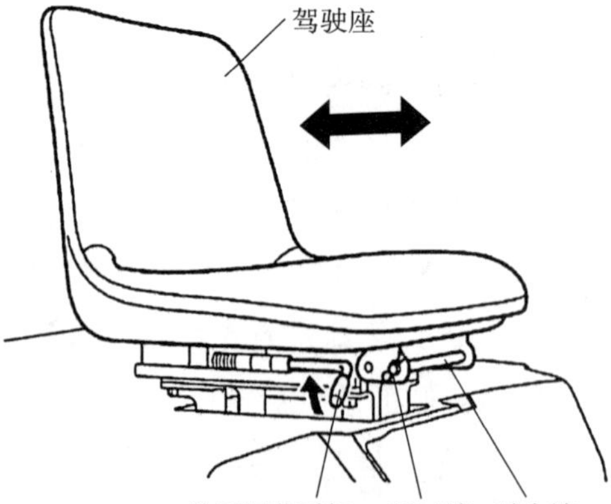

图 1–32　驾驶座的调节方法

三、启动前的准备工作（见表 1-4）

表 1-4　　　　启动前的准备工作

次序	准备工作	图示
1	将燃油开关及沉淀杯开关置于“开”位置	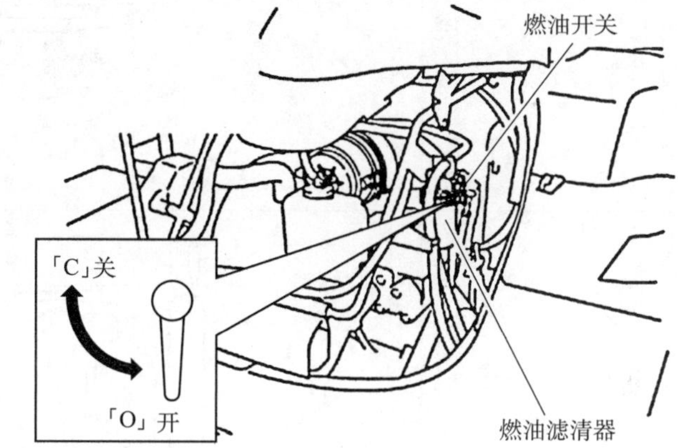 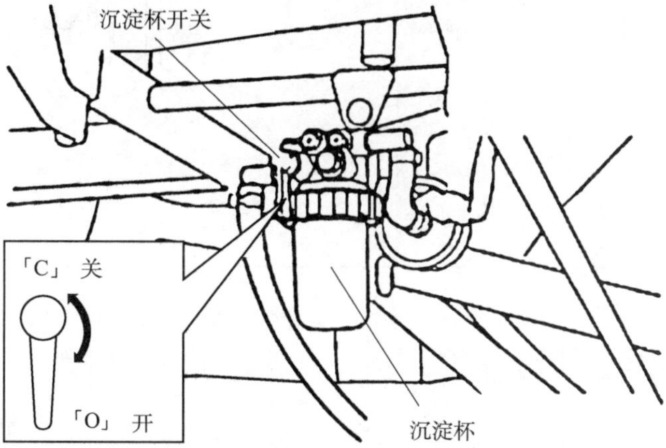
2	将主变速手柄置于“中立”位置	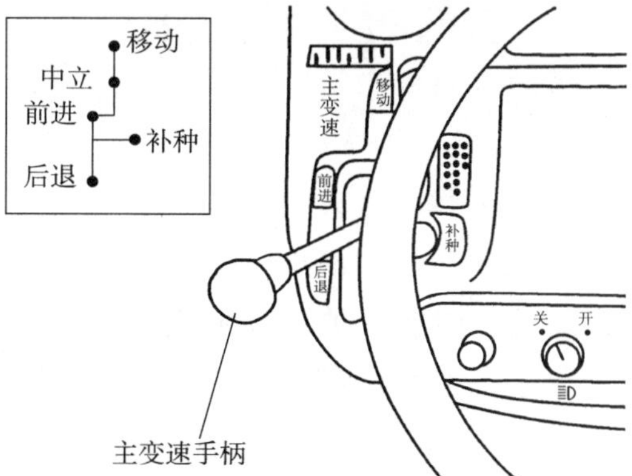

续表

次序	准备工作	图示
3	将油门手柄置于“高速”侧与“低速”侧之间的中间位置	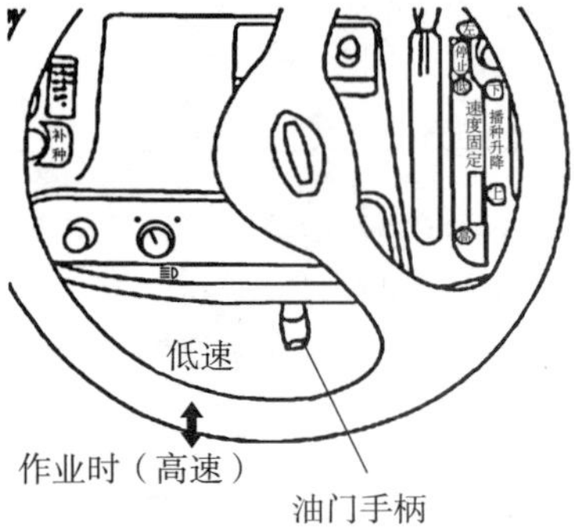
4	将播种升降手柄置于“中立”位置	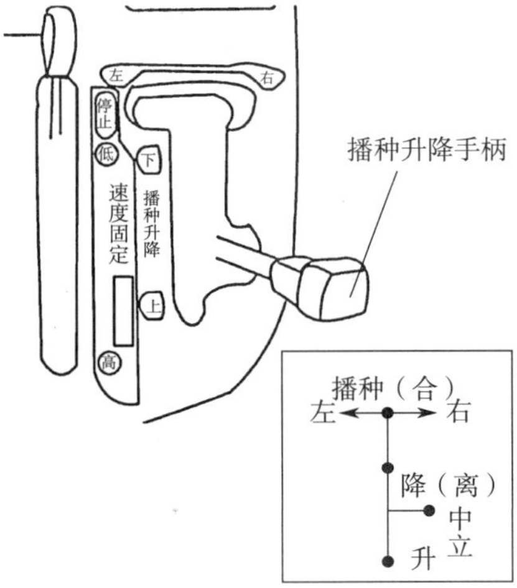

四、启动

启动前的准备工作完成后，应先确认制动锁定已生效（即驻车手柄置于“锁定”位置），将钥匙插入钥匙开关并置于“开”位置，如图 1–33 所示；确认接通电源，将制动踏板踩到底，将钥匙开关转至“启动”位置，启动发动机；确认发动机启动后，手松开钥匙开关，钥匙开关自动回转至“开”位置，这时应一边观察发动机的运转情况，一边将风门手柄推入。如果钥匙开关置于“启动”位置接近 10 s 发动机仍未启动，则应将钥匙开关转回“关”位置，过 1 min 再重新启动发动机。

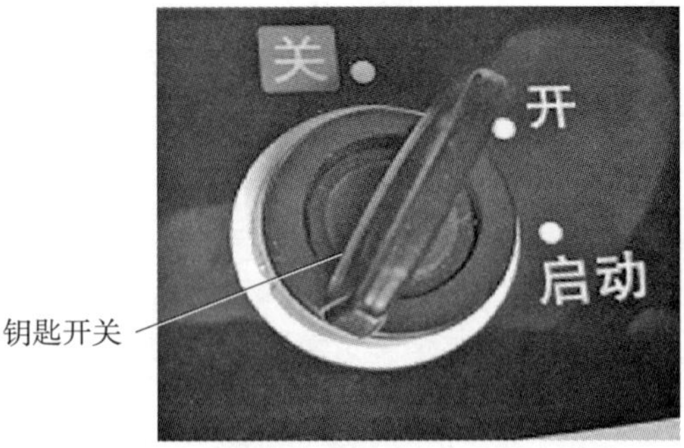

图 1–33 将钥匙开关置于“开”位置

启动时应注意以下 3 点。

1. 不要将钥匙开关连续置于“启动”位置超过 10 s。因为起动电动机的起动电流较大，短时间内流过的大电流可能导致起动电动机烧毁和蓄电池损伤。

2. 千万不要用外部电源启动发动机，否则会烧毁起动电动机并引起故障。

3. 发动机运转时，千万不要将钥匙开关旋至“启动”位置，否则会导致起动电动机损坏。

五、启动后检查

在水稻穴直播机启动后，驾驶操作人员应靠近水稻穴直播机发动机部位仔细听发动机有无异响，观察尾气的颜色是否正常（正常为无色或淡青色），检查前照灯、喇叭是否正常工作以及液晶面板是否正常显示信息，检查各操作手柄的动作状态是否正常。注意，若油门手柄置于“高速”位置，应将其调至“低速”位置，以降低发动机转速。

六、关停

水稻穴直播机停车时，一般应停在平坦的硬质地面上，不要停在坡道上。停车时，驾驶操作人员应从变速踏板上挪开脚，将制动踏板踩到底，停止机身的行走；而后将主变速手柄置于“中立”位置，将播种升降手柄置于“中立”位置，将油门手柄置于“低速”位置，将钥匙开关置于“关”位置，便可关闭发动机；在确认水稻穴直播机已停下后，将驻车手柄置于“锁定”位置（即进行制动锁定），将播种部降至最低位置，从钥匙开关上拔下钥匙，并挂上车轮制动器。

学习单元 8

水稻穴直播机的驾驶

根据《中华人民共和国道路交通安全法》，水稻穴直播机不能在公路上行驶，因此必须用运输车辆等装载水稻穴直播机后运输。驾驶装载水稻穴直播机的运输车辆时，应遵守相关法律法规，同时注意以下几点：水稻穴直播机不能超出运输车辆的高度和宽度，不能超出运输车辆长度的10%以上，不能超出运输车辆的载重量要求。

一、起步

1. 起步操作

启动发动机后，将油门手柄置于“高速”侧与“低速”侧的中间位置，将播种升降手柄置于“升”位置。当播种部升至最高位置后，播种升降手柄会自动置于“中立”位置，然后将播种部升降开关置于“下降停止”位置，避免在行走过程中因播种部下降而引发事故。上述操作完成后，将主变速手柄置于“前进”或“移动”位置，确认周围环境安全后，轻踩制动踏板，驻车手柄即从“锁定”位置自动回到“解除”位置，松开制动踏板，缓慢地踩下变速踏板，水稻穴直播机便慢速起步，之后可通过变速踏板的踩下程度控制行走速度。

以上流程可概括为：发动机启动→油门手柄置于中间位置→播种升降手柄置

于“升”位置→播种部升降开关置于“下降停止”位置→主变速手柄置于“前进”或“移动”位置→轻踩制动踏板→解除制动锁定→松开制动踏板→慢踩变速踏板→起步。

2. 注意事项

（1）水稻穴直播机准备在机耕路上行驶时，应升起播种部，并在确认播种升降手柄自动置于“中立”位置后，将播种部升降开关置于“下降停止”位置；同时应注意划线杆是否全部收拢，且不要将货物等置于播种部上。

（2）在起步前必须确认各手柄位置是否正确以及水稻穴直播机是否处于行走状态，不要急速起步，也不要分散注意力或双手离开转向盘。

（3）在起步时，应确认周围环境安全并慢速起步，同时注意制动踏板、主变速手柄、变速踏板的动作状态是否正常。

二、变速

1. 变速操作

水稻穴直播机变速时首先应将机身停下，然后用主变速手柄、油门手柄或变速踏板来进行变速。

将主变速手柄置于“移动”（道路行驶）位置，将油门手柄置于“高速”位置或脚踩变速踏板，水稻穴直播机加速，反之则减速；将主变速手柄置于“前进”（田间作业）位置，将油门手柄置于“高速”位置或脚踩变速踏板，水稻穴直播机加速，反之则减速。

2. 注意事项

（1）变速时，应先确认机身已停止，因为在尚未停止的状态下进行变速可能导致水稻穴直播机损坏。

（2）在坡地上必须降低速度缓慢行走，千万不要急速行走。应尽量不在坡道上进行变速操作，因为此时操作主变速手柄，水稻穴直播机可能会急冲而导致失控。为了避免发生危险，必须在坡道上变速时，应快速将制动踏板踩到底，然后用主变速手柄进行变速。注意，在坡道上进行变速时，主变速手柄千万不要置于“中立”位置。

（3）出入水稻田遇到陡坡时，应先降至最低速度，再通过后退的方式爬上陡坡。不要用前进的方式爬坡，否则机身会因翘起而翻倒。

三、转弯

水稻穴直播机应在低速移动时转弯，因为在高速移动时转弯容易导致翻倒事故的发生。一般根据机型的不同，可操纵变速踏板或主变速手柄进行减速并转动转向盘转弯。

四、坡道停留

水稻穴直播机在坡道上停车时，应将主变速手柄置于“前进”或“后退”位置，将播种部降至最低位置，将驻车手柄置于“锁定”位置，并挂上车轮制动器以防失控。

注意，当为了避免发生危险而在坡道上停车时，应将制动踏板提前缓慢踩到底，禁止突然踩下制动踏板，否则有翻倒的可能性。

五、机耕道行驶

1. 在有沟的机耕道和两侧倾斜的机耕道上行驶时，应注意路肩，防止水稻穴直播机翻入河道、沟渠。当机耕道两侧的草过于茂密而看不到路肩时，在认为有危险的地方，驾驶操作人员应从水稻穴直播机上下来确认路况，这时必须关闭发动机，将制动踏板踩到底，并将驻车手柄置于“锁定”位置。当机耕道上有积水而不确定是否有凹坑时，也要下车确认路况。

2. 在拐弯处、凹凸不平处要提前减速，缓慢地转弯、行走。

3. 避让相对车辆时，不要过分地往路边靠，可以暂时停车，让对方先行。

4. 不要在坡道上横行和斜行，因为水稻穴直播机可能会因倾斜角度大而翻倒；也不要在坡道上猛打转向盘。

5. 在经过上下落差较大的陡坡、阶梯时，应使用装卸跳板。

六、水稻田行驶

1. 启动发动机。如果在深水稻田中作业，为了防止在踩下变速踏板的过程中发动机熄火，应先将油门手柄拉到“高速”侧。

2. 将播种升降手柄置于“升”位置，将播种部升至最高位置，然后将播种部升降开关置于“下降停止”位置。

3. 根据前进或后退的行驶需要，将主变速手柄置于“前进”或“后退”挡位。

4. 将驻车手柄置于“解除”位置。

5. 缓慢地踩下变速踏板，令水稻穴直播机起步，此后便可以通过变速踏板的踩下程度调节行走速度。

七、田块间转移

启动发动机，将播种升降手柄置于“升”位置，让播种部升至最高位置，然后将播种部升降开关置于“下降停止”位置，将主变速手柄置于“前进”或“后退”位置，将油门手柄置于“高速”位置和“低速”位置之间的中间位置，将播种升降手柄置于“中立”位置，稍微踩下变速踏板，水稻穴直播机将以最慢的速度前进或后退。

注意，出入田块时必须踩下差速锁止踏板，且水稻穴直播机要与田埂成直角（即垂直出入田块），并升起播种部，如图 1–34 所示。

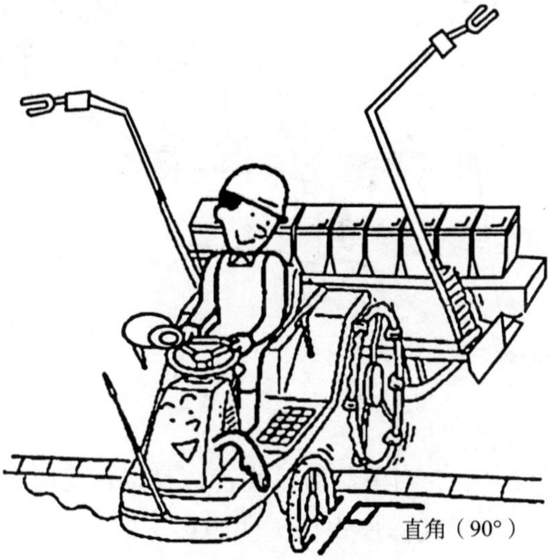

图 1–34 出入田块的方法

出入田块时，若田埂较高，则必须使用跳板，下跳板时用“前进”挡，上跳板时用“后退”挡。出入田块时应卸下播种部上的稻种，否则机身会因失去平衡而翻倒。

八、特殊情况的处理

1. 机身下陷的处理

为了提高作业效率，避免作业过程中水稻穴直播机因意外而损坏，以及保障驾驶操作人员的人身安全，在进行机械化穴直播前，要充分了解水稻田中深沟、暗渠等的情况，及时规避可能陷车的区域。如果出现机身下陷的情况，要避免机头或机尾过度倾斜而引起发动机熄火。当靠水稻穴直播机自身动力从下陷处脱离时，不要把木板等垫在后车轮下面（这样会导致机身损坏），而要用铁锹等工具挖出各车轮前后的淤泥。为了减轻机身质量，要卸下播种部上的稻种，并根据具体情况进行处理。

（1）前进中后轮下沉。如果在前进中后轮开始下沉，应保持播种部的下降状态，踩下差速锁止踏板（见图 1-35），同时缓慢地踩下变速踏板，低速起步，以脱离下沉区域。注意，此时打转向盘（即转弯）会导致水稻穴直播机进一步下沉，后退则前轮下沉的可能性变大，急踩变速踏板则可能导致发动机熄火。

在依靠自身动力不能脱出时，应用绳索钩住绳索挂钩，靠外力牵引的同时启动水稻穴直播机的发动机，缓慢地驱动车轮，笔直前进。

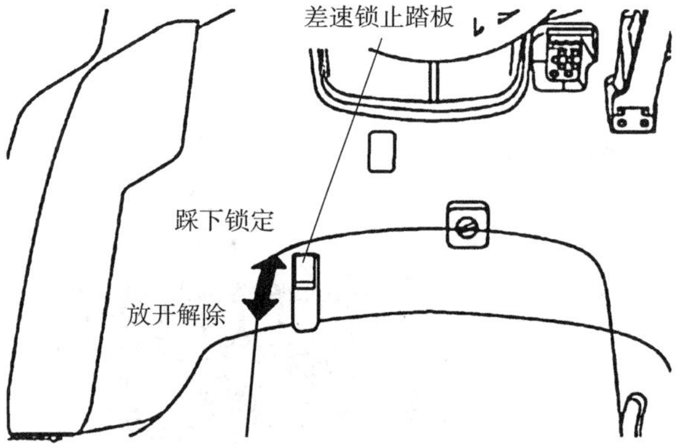

图 1-35　踩下差速锁止踏板

（2）转弯中任意车轮下陷。当单侧前轮旋转，难以转弯时，应踩下差速锁止踏板，尽量用低速进行大转弯。如果这样操作仍无法脱离下陷处，则应停止转弯操作，将转向盘打正（即直行状态），再踩下差速锁止踏板脱离下陷区域。

（3）倒车中前轮下陷。当倒车中前轮下陷时，应采用低速后退的方式脱离下陷处。

当自走式水稻穴直播机在有暗渠或局部较深的田间作业时，为了可靠作业和防止下陷，可以选用装铁凸缘的辅助车轮。必要时，在确保安全的情况下，可以用人力辅助脱困。

2. 水稻穴直播机的牵引

当水稻穴直播机在水稻田中下陷时，需要将绳索挂在机身前方的绳索挂钩上（见图 1-36），将其牵引出来。注意，不能将绳索挂在绳索挂钩以外的地方牵引水稻穴直播机，否则会引起机身变形、破损或发生故障。牵引水稻穴直播机的操作必须由两人进行，一人驾驶，另一人牵引。在牵引时应将主变速手柄置于“前进”位置，缓慢地前进，不要突然加大牵引力，同时保证沿前进方向笔直地牵引。注意，斜向强行牵引会导致机身破损。水稻穴直播机的驾驶操作人员也要踩下变速踏板驱动机身前进。当无法向前进方向牵引时，则需要用人力将水稻穴直播机从下陷处抬出。

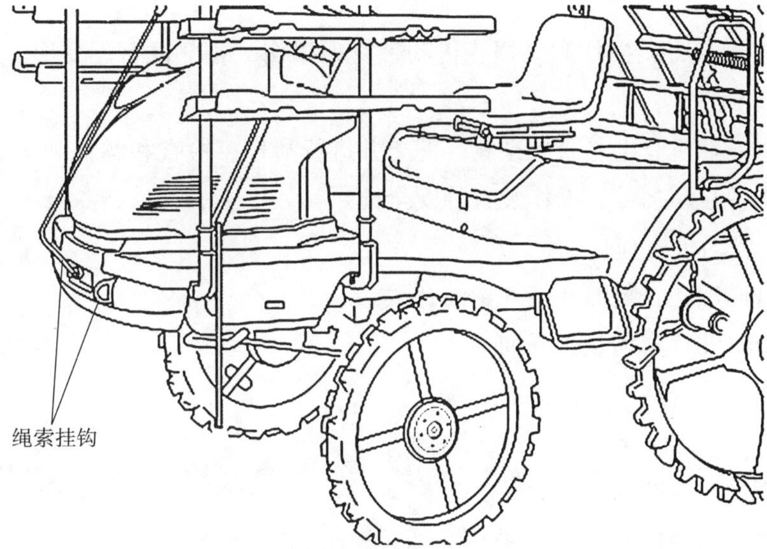

图 1–36　绳索挂钩

3. 脱离下陷处后的清洁、检查

将水稻穴直播机从下陷处拉出后，要清洗底盘并检查各传动轴、壳体，同时做好发动机表面的清洁工作。同时，检查散热风扇有无泥块，确保机体的散热性良好；检查空气滤清器滤芯有无泥浆堵塞。对发动机的机油也要进行检查，要检查有无水混入机油，必要时应更换发动机机油。

操作技能

水稻穴直播机的启动、关停

操作准备

1. 自走式水稻穴直播机及随机工具。
2. 不小于 80 m^2 的场地，地势平坦，光线充足，无外界干扰。

操作步骤

步骤 1 外观检查

（1）检查燃油管路是否老化、有无损伤以及连接卡箍的连接情况，检查燃油是否泄漏。

（2）检查电气线路导线是否与其他零部件接触，导线表皮是否破损，连接部位是否松动。

（3）检查轮胎有无损伤和磨损，传动带有无损伤，各部件有无变形、损伤，螺栓是否松动。

（4）检查作业机具上是否有杂物、泥土并进行清理、检查和调整。

（5）检查各显示部件、操作装置的安全性。

步骤 2 发动机检查

（1）检查燃油是否足够并打开燃油开关。

（2）检查机油存量和是否漏油。

（3）检查、清洗空气滤清器。

步骤 3 驾驶台检查

（1）检查驾驶座的固定位置。

（2）检查变速踏板的安装角度。

（3）检查转向盘与身体的相对位置。

步骤 4 进行启动前的准备工作

（1）燃油开关及沉淀杯开关的操作正确。

（2）主变速手柄的操作正确。

（3）油门手柄的操作正确。

（4）播种升降手柄的操作正确。

步骤 5 启动

（1）钥匙开关的操作正确。

（2）制动踏板的操作正确。

（3）风门手柄的操作正确。

步骤 6 启动后检查

（1）检查发动机的工作情况。

（2）检查前照灯、喇叭及液晶面板是否正常。

（3）检查播种升降手柄的动作状态是否正常。

（4）检查主变速手柄的动作状态是否正常。

（5）检查油门手柄的挡位是否正确。

（6）检查制动踏板、变速踏板的动作状态是否正常。

步骤 7 关停

（1）正确选择停车场地。

（2）将制动踏板踩到底。

（3）正确关闭发动机。

（4）将驻车手柄置于“锁定”位置。

（5）降下播种部。

（6）拔下钥匙。

仪表盘的识别

操作准备

1. 自走式水稻穴直播机及随机工具。

2. 不小于 80 m^2 的场地，地势平坦，光线充足，无外界干扰。

操作步骤

步骤 1 正确启动水稻穴直播机。

步骤 2 启动后进行机况检查。

步骤 3 正确读出累计使用时间。

步骤 4 描述仪表盘上主要显示部位的名称和功能，检查相关功能。

步骤 5 根据仪表盘报警情况（发动机水温报警灯、发动机油压报警灯和充电报警灯）处理相应故障。

水稻穴直播机安全性能的检查

操作准备

1. 自走式水稻穴直播机及随机工具。

2. 不小于 80 m^2 的场地，地势平坦，光线充足，无外界干扰。

操作步骤

步骤 1 转向装置的检查

（1）转向盘自由行程的检查。检查前，操作水稻穴直播机处于直线行驶状态（非转弯状态）后停车。检查时，将检查器卡在转向盘上，然后将转向盘向一个方向转动直到感到有阻力（但车轮不偏转），记录指针所指角度（一般在5°~7°）；再反向转动转向盘，同样在感到有阻力时记录指针所指角度，将两个角度加和（一般不超过15°，若超过需要联系厂家调整）即为转向盘的自由行程。

（2）转向盘倾角锁定功能的检查

1）将钥匙开关置于“关”位置，转动转向盘，转向盘应锁死、不转动。

2）将钥匙开关置于“开”位置，检查转向盘是否能自由转动。

（3）左右转向摇臂、侧离合器杆臂的检查。检查左右转向摇臂、侧离合器杆臂各固定或连接部件否松动，必要时应调整或紧固。

步骤 2 行走装置的检查

（1）前车轴箱与前车轮、后车轴箱与后车轮的连接检查

1）当水稻穴直播机在不同路面上运行或者制动时，听有无异响。

2）检查前车轴箱与前车轮、后车轴箱与后车轮的连接螺栓是否可靠紧固，必要时应调整或紧固。

（2）悬挂弹簧架与机体的连接检查。检查悬挂弹簧架与机体的连接是否可靠，如有松动现象应及时处理；目测检查外观，若弹簧有明显的塑性变形、裂纹等缺陷，应予以更换。

（3）前后轮辐板牢固性的检查。检查前后轮轮辐板的螺栓是否可靠紧固，必要时应调整或紧固。

（4）前后轮胎面磨损程度的检查

1）检查轮胎的磨损程度，如果发现磨损标记指示条和胎面平齐，就说明轮胎已经严重磨损，应及时更换。

2）检查胎面有无裂纹、橡胶变硬、鼓包等老化现象，如果老化程度严重应及时更换。

步骤 3 停车制动性能的检查

（1）上机驾驶、操作，检查各部位连接处（如播种系统与行走系统的快速连接装置等）的螺栓是否松动、有无异响。

（2）检查播种部升降开关的功能是否正常。

（3）踩下制动踏板检查制动性能。

（4）检查驻车手柄的锁定功能是否正常。

步骤 4 前照灯和喇叭的检查

（1）按下喇叭按钮检查喇叭是否鸣叫。

（2）按下前照灯开关检查灯光是否正常。

测试题

一、判断题（将判断结果填入括号中，正确的填“√”，错误的填“×”）

1. 在安全的情况下，用户可对自己购买的水稻穴直播机进行改装。 （ ）

2. 机械化穴直播技术的特点是稻种成行、成穴，分布均匀，通风采光好，病虫害相对少。 （ ）

3. 在主变速手柄置于“移动”位置行走时，严禁操作速度固定手柄，因为在解除速度固定时，水稻穴直播机会急停，可能引起人身伤害事故。 （ ）

4. 水稻穴直操机靠中央标杆对准划线杆划出的划痕进行作业，在保证直行的同时，还可以保证行距适宜。 （ ）

5. 外观检查就是绕着水稻穴直播机转一圈简单看看外部情况。 （ ）

6. 若将钥匙开关置于“开”位置，预热提示灯就会亮起（持续 3～4 s）。 （ ）

7. 将水稻穴直播机停在倾斜地面上时，只要踩好制动踏板就行。 （ ）

8. 当水稻穴直操机在水稻田内进行播种作业时，不要将主变速手柄置于“移动”挡，否则可能损坏变速箱。 （ ）

二、单项选择题（选择一个正确的答案，将相应的字母填入题内的括号中）

1. 水稻穴直播机的行走装置主要由（ ）两部分组成。

A. 行走轮和船体　　B. 前轮和后轮

C. 链轨和船体　　D. 履带和船体

2. 不属于排种器组成部分的部件是（ ）。

A. 排种轮　　B. 限种板　　C. 护种胶带　　D. 仿形机构

3. 水稻穴直播机机驾驶操作人员应参加技术培训，熟悉水稻穴直播机（ ）的内容，掌握水稻穴直播机的结构、原理、维护要领、操作要领和机械化穴直播技术，熟悉安全操作规定，并获得相应的操作证书。

A. 使用说明书　　B. 宣传资料　　C. 图片　　D. 规章制度

4. 当气温低且发动机不易启动时使用（ ）来提高混合气体浓度，以便于启动发动机。

A. 油门手柄　　B. 风门手柄　　C. 燃料开关　　D. 变速踏板

5. 速度固定手柄用于固定行走速度，将其置于“( )”位置时行走停止，同时速度固定解除。

A. 低　　B. 停止　　C. 高　　D. 中

6.（ ）用于在移动、检修、保管水稻穴直播机时对播种部进行锁定，防止播种部突然下降。

A. 播种部升降开关　　B. 驻车手柄

C. 差速锁止踏板　　D. 速度固定手柄

7. 水稻穴直播机启动后应检查发动机（　　），尾气颜色是否正常，前照灯、喇叭是否正常工作，液晶面板是否正常显示信息，各操作手柄能否正常动作。

A. 有无异响　　B. 有无损坏　　C. 有无磨损　　D. 有无漏油

8. 出入田块时必须踩下（　　），且水稻穴直播机要与田埂成直角。

A. 制动踏板　　B. 差速锁止踏板

C. 油压锁止手柄　　D. 变速踏板

测试题参考答案

一、判断题

1. ×　2. ×　3. √　4. √　5. ×　6. √　7. ×　8. √

二、单项选择题

1. A　2. D　3. A　4. B　5. B　6. A　7. A　8. B

培训任务 2

机械化穴直播知识

培训目标

- 了解机械化穴直播的相关农艺知识。
- 熟悉机械化穴直播作业前的准备工作。
- 了解装卸稻种的方法。
- 了解机械化穴直播作业的质量指标。
- 熟悉排种器窝眼及播种穴距的调整方法。
- 能够进行正常穴直播作业。

学习单元 1

相关农艺知识

一、稻种的处理

1. 稻种的处理要求

处理后的稻种应符合“白、干、净”的要求，以适合机器播种。

“白”是指稻种露白即可，以芽长不超过 0.2 cm 为标准。

“干”是指处理后的稻种要晾干，以不黏手为标准。

“净”是指处理后的稻种要干净，不含有任何杂质，以排种顺畅、不堵塞为标准。

2. 稻种的处理流程

稻种的处理流程主要包括选种、晒种、发芽试验、浸种、催芽、晾干等环节。

（1）选种。一般采用风选、清水选或盐水选（盐水密度为 1.06 ~ 1.112 g/m^3）的方式选种，选种的目的是去除瘪粒和杂质。用盐水选种后应立即用清水淘洗，目的是清除稻壳表面的盐分。

注意，若选用市场上售卖的已经处理过的稻种则可不进行选种。

稻种质量应符合国家标准《粮食作物种子　第 1 部分：禾谷类》（GB 4404.1—2008）要求。

（2）晒种。选晴好天气晒种 1 ~ 2 天，晒时应将稻种摊薄、勤翻，防止稻壳破损。

对于混有枝梗或带芒的稻种，必须先清除枝梗或进行脱芒处理，再除净其他杂质。

（3）发芽试验。随机取通过净度检验的稻种两份，每份 100 粒。用吸湿性很强的纸做成发芽床，放入发芽皿（两个）内，滴入适量的水润湿发芽床，将两份稻种分别整齐地摆放在发芽皿内；然后将发芽皿放入 30～35 ℃恒温箱内进行发芽试验，7 天后统计稻种的发芽数并计算发芽率，其计算式为：

$$发芽率 =（发芽数平均值 /100）\times 100\%$$

通常发芽率应不低于 90%。

（4）浸种。每亩选用 17% 杀螟·乙蒜素可湿性粉剂 20～30 g 和 10% 吡虫啉可湿性粉剂 10 g，将两种药剂混合后先用少量清水调成糨糊状，再按每亩药剂兑 6～8 kg 清水的比例稀释，配制成浸种消毒液。每亩药剂配制的浸种消毒液可浸泡稻种 5～6 kg，按此比例对稻种进行浸种处理。浸种时间要求如下：在日平均气温为 18～20 ℃时，浸种 60 h；在日平均气温为 23～25 ℃时，浸种 48 h。

（5）催芽。将经浸种处理的稻种捞起，堆成厚度为 20～30 cm 的稻种堆，在其上方覆盖湿润的草垫，保持适宜的温度和湿度。要求稻种堆上下、内外的温度和湿度基本保持一致，并按照高温破胸（上限温度 38 ℃、适宜温度 35 ℃）、保湿催芽（适宜温度 25～28 ℃、适宜湿度 80% 左右）、低温晾芽三大关键技术环节做好催芽工作，或直接选用专用催芽设备。催芽标准以将 90% 的稻种催至“破胸露白”为准，芽长控制在 0.3 cm 以下。

（6）晾干。催芽之后将稻种置于室内环境中，常温摊晾 4～6 h（俗称炼芽），确保胚乳中的水分饱和，颖壳表面干而不黏。

3. 稻种处理的相关概念

（1）稻种的净度。用四分法从稻种中分取两份样本，将待测样本倒在玻璃板上，分选出纯净稻种、废稻种和杂质，两份样本的同类成分不得混合。分别称取纯净稻种、废稻种和杂质的质量，分别计算两份样本的净度。净度的计算式为：

$$净度 = [纯净稻种质量 /（纯净稻种质量 + 废稻种质量 + 杂质质量）] \times 100\%$$

稻种的净度关系到播种的均匀程度，稻种净度越高，播种越均匀。如果稻种混有杂质（如秸秆、编织袋丝状物、石子等），则会因杂质堵塞排种器而造成播种量逐渐减少，甚至断播。虽然可以在田间清理排种器，但会影响作业效率，因此一般要对稻种进行筛选，以确保稻种干净。

（2）处理量。应按播种计划分批处理稻种，每批稻种的处理量应参照水稻穴直播机每天的播种总量确定。例如，单机每天播种 70 亩，每亩播种量为 4 kg，则每批稻种的处理量为 280 kg。

（3）处理日。当以计划播种日为基准时，进行人工保温催芽的应提前 5 天浸种，用专用催芽设备进行催芽的应提前 3 ~ 4 天浸种。

浸种不宜提前太早，否则，稻种已经处理好而水稻穴直播机还没运到现场，就容易导致稻种长芽而不能用于机械化穴直播。

二、田间管理

1. 水稻田管理要点

水稻田管理应重点围绕各阶段主攻目标，前期力争壮苗、早发、促分蘖，中期强调稳长、壮秆、攻大穗，后期注重养根、保叶、争粒重，切实加强各阶段肥水管理、病虫草害防治等关键技术措施的落实，确保水稻稳产、高产。

2. 水稻田耕整要求

（1）地表平整。地表平整是指水稻田无水坑、无高堆。建议使用水稻田驱动耙进行平整。水稻田表面高低差不超过 3 cm。

（2）地表无残茬。如果使用秸秆还田机械设备进行耕作，耕作后地表应基本无残茬。建议使用反转灭茬机进行头耕、二耕。

（3）地表有泥浆。耕作后地表浅层应有泥浆，使水稻穴直播机播下的稻种能够沾上泥浆。

（4）土壤沉实时间足够。一般需要对水稻田进行除草（不要使用丁草胺），并结合除草时间沉实土壤。杂草多时要进行湿封，时间一般在 5 天以上。

（5）适时放水。在水稻穴直播机播种前 24 ~ 48 h，在水稻田中放水至地表略有薄水层。注意，在晴好天气、硬田条件下推迟放水，在雨天、软田条件下提前放水。建议在田间拉一竖、两横的放水沟，以排除水坑积水。如果田块太干，还要放“跑马水”。

3. 水稻田泥脚深度

耕整后水稻田表面高低差应满足前述要求。另外，土壤要求下粗上细、软而不糊，泥脚深度不超过 30 cm。若水稻田泥脚很深，能使水稻穴直播机下陷至后轮车轴触地，则不要播种。

4. 水浆管理

围绕水稻各生长阶段的需水、需肥规律，应加强水稻全生育期的水浆管理，重点突出肥、水、气的协调管理，实现以水调肥、以水控草、以气促根，促进群体与个体的协调发展。

（1）出苗阶段。在出苗阶段，应遵循“湿润出苗，出苗后以干为主”的原则，播种后尽可能排干田内积水。若遇连续高温天气，可灌“跑马水”，保持田间湿润但不积水；若遇连续阴雨天气，应确保沟系排水畅通，田间不积水。在2叶1心期，视叶色并结合断奶肥的施用灌“跑马水”，保持田间湿润、不开裂；之后，间歇灌“跑马水”至4叶期。注意，3叶期后应根据秧苗的疏密情况及时补苗，严防出苗不均匀及断垄现象的出现，确保秧苗均匀分布。

（2）有效分蘖阶段。在3叶期后采用灌浅水层的方法，即浅水勤灌、间歇灌溉，以促分蘖、早生、快发。一般情况下，灌一次水层后待其自然渗干，维持2天左右的无水状态，再复灌水，以增加土壤的通透性，但切忌长期灌深水。

（3）无效分蘖阶段。搁田控苗是控制无效分蘖的重要手段，应遵循“苗到不等时，时到不等苗”的搁田原则。可适当提前搁田，一般当田间总茎蘖数达到预期穗数的80%时即可进行搁田。一般在7月20日前后开始脱水轻搁田，由轻到重分次搁田，搁田至田中不陷脚、田块表面不发白也不开裂、叶色落黄褪淡即可。力争每亩杂交稻高峰苗数控制在32～35万株，每亩常规稻高峰苗数控制在36～40万株，成穗率在65%以上。

（4）拔节孕穗阶段。搁田后，对于群体减苗效果明显、叶色褪淡、叶片挺直的田块，应及时复灌水。一般在7月底至8月初再采用间歇灌溉的方法，即灌一次水后保水3～4天，脱水露田2～3天后再灌一次水，如此反复，直至剑叶抽出建立浅水层。注意，抽穗前应脱水2～3天，以保证抽穗整齐度。

（5）抽穗扬花阶段。保持浅水层灌溉即可。

（6）灌浆结实阶段。采取间歇灌溉的方法，做到浅水潮潮清（即待地表水渗干后再次灌水）。注意，应防止断水过早，一般在收割前7～10天断水。

三、肥料运筹

施肥应遵循“前促、中控、后补”的原则，注重氮、磷、钾养分的平衡。全生育期每亩总用氮量为16～20 kg，氮、磷、钾养分配比为1∶（0.2～0.3）∶（0.25～0.35），前期、后期氮肥用量比例为（7.5～8.5）∶（2.5～1.5），提倡使用有机肥和水稻专用配方肥。

1. 基面肥

在基面肥中，氮肥用量约占全生育期总用氮量的20%，每亩折纯氮3.2～4 kg。

一般坚持有机肥与水稻专用配方肥相结合的施用原则，耕翻前每亩施有机肥 150 ~ 200 kg，耙地前每亩施水稻专用配方肥 15 ~ 20 kg。

2. 断奶肥

断奶肥一般在 2 叶 1 心期施用，每亩施尿素 5 ~ 7.5 kg。

3. 分蘖肥

分蘖肥一般分两次施用。第一次施于 4 叶期，每亩施尿素 7.5 ~ 10 kg 或水稻专用配方肥 15 ~ 20 kg；间隔 7 ~ 10 天，追施一次，每亩施尿素 7.5 kg 左右或水稻专用配方肥 15 kg 左右。

4. 长粗肥

长粗肥提倡以钾肥为主，一般在大暑节气前后每亩施氯化钾 5 kg 左右。对于长势明显偏弱的田块，可每亩施氮、磷、钾养分各占 15% 的三元复合肥 10 ~ 12.5 kg，施后带肥搁田，促进大苗壮秆的形成。

5. 穗肥

在穗肥中，氮肥用量占全生育期总用氮量的 15% ~ 25%，每亩折纯氮 2.4 ~ 5 kg。应视生育进程和叶色褪淡程度正确施用穗肥，做到早褪早施、不褪不施或少施。对于长势、长相正常的早熟、中熟晚粳类品种，提倡将穗肥分为促花肥和保花肥，先后两次施用。第一次施促花肥，一般在 7 月底至 8 月初施用，当主茎第一节定长、第二节迅速伸长、叶龄余数为 3.5 叶时施用，每亩施水稻专用配方肥 7.5 ~ 10 kg；间隔 10 天，当叶龄余数为 1.5 ~ 2 叶时施保花肥，每亩施尿素 5 kg 左右。对于叶色褪淡较迟的田块，提倡促保兼顾（即一次施用促花肥和保花肥），一般在 8 月 10 日前后，在倒 3 叶至倒 2 叶露尖时施用，每亩施水稻专用配方肥 10 ~ 15 kg。穗肥施用时间不宜晚于 8 月 15 日。

四、病虫草害防治

病虫草害防治应坚持“预防为主，综合防治”的植保方针，推广综合防控和专业化统防统治。病虫防治要以农业防治为基础，根据病虫测报科学合理地选用高效、低毒农药，适时防控；草害防治要以农业防治为基础、以化学除草为重点，辅助进行人工除草。应重点做好前期（出苗阶段至有效分蘖阶段）、中期（无效分蘖阶段至拔节孕穗阶段）、后期（抽穗扬花阶段至灌浆结实阶段）的病虫草害防治工作。

1. 病害防治

病害防治应根据病害发生情况正确用药，做到适时防治。

（1）前期病害防治。前期重点做好水稻条纹叶枯病（见图 2–1）、水稻黑条矮缩病（见图 2–2）等病害的防治工作。强调治虫防病，重点做好灰飞虱防治工作，同时进行合理布局，做到连片种植，及时清除田边杂草，落实压低虫源、毒源等农业防治措施。对于已出现症状的田块，可选用宁南霉素兑水稀释后均匀喷雾施药，隔 5 天再施药一次。

图 2–1　水稻条纹叶枯病

图 2–2　水稻黑条矮缩病

（2）中期病害防治。中期重点做好水稻纹枯病（见图 2–3）的防治工作，可选用井冈霉素、井冈・己唑醇、井冈・蜡芽菌、己唑・嘧菌酯、苯甲・嘧菌酯、戊唑・嘧菌酯、噻呋酰胺等药剂，施药适期为水稻开始封行至拔节孕穗阶段。一般在水稻纹枯病大流行前（病株率小于 5%）第一次施药，隔 7 ~ 10 天再施药一次；对于重病田，应在齐穗后再补施一次。施药时应注意药剂的交替使用。

图 2–3　水稻纹枯病

（3）后期病害防治。后期重点做好水稻纹枯病、稻曲病（见图 2–4）、水稻穗颈瘟（见图 2–5）等病害的防治工作。防治稻曲病和水稻穗颈瘟时，可每亩选用 43% 戊唑醇悬浮剂 12 ~ 15 mL 加 20% 井冈・三环唑可湿性粉剂 100 g，按每亩药剂兑 60 kg 水的比例稀释，均匀喷雾施药，可兼治水稻胡麻斑病（见图 2-6）。

图 2-4 稻曲病

图 2-5 水稻穗颈瘟

图 2-6 水稻胡麻斑病

2. 虫害防治

虫害防治应根据虫害发生情况正确用药，做到适时防治。

（1）前期虫害防治。前期重点做好螟虫（包括二化螟、三化螟和大螟）、稻纵卷叶螟（见图 2-7）、白背飞虱（见图 2-8）、灰飞虱（见图 2-9）等虫害的防治工作。

1）螟虫防治。可选用阿维・毒死蜱、哒嗪硫磷、氯虫苯甲酰胺、氯虫・噻虫嗪、阿维・氟酰胺等兑水稀释后均匀喷雾施药，施药适期为 1～2 龄幼虫高峰期。施药时田间宜保持浅水层，有利于发挥药效。

图 2-7　稻纵卷叶螟

图 2-8　白背飞虱

图 2-9　灰飞虱

2）稻纵卷叶螟防治。可选用甲维·茚虫威、茚虫威、甲氨基阿维菌素苯甲酸盐、氯虫苯甲酰胺等兑水稀释后均匀喷雾施药，施药适期为 1 ~ 2 龄幼虫高峰期。

3）白背飞虱和灰飞虱防治。可选用吡蚜酮、噻嗪酮、烯啶虫胺等兑水稀释后均匀喷雾施药，施药适期为低龄若虫发生高峰期。应注意交替使用药剂，防止产生抗药性。

（2）中期虫害防治。中期重点做好稻纵卷叶螟、褐飞虱（见图 2-10）、螟虫等虫害的防治工作。

1）稻纵卷叶螟防治。药剂选用及防治方法同前，注意药剂的交替使用。

2）褐飞虱防治。可选用吡蚜酮、噻嗪酮、烯啶虫胺等兑水稀释后均匀喷雾施药，施药适期为低龄若虫发生高峰期。应注意交替使用药剂，防止产生抗药性。

3）螟虫防治。药剂选用及防治方法同前，注意药剂的交替使用。

a）　　　　b）

图 2-10　褐飞虱

a）长翅褐飞虱　b）短翅褐飞虱

（3）后期虫害防治。后期重点做好稻纵卷叶螟、二化螟（见图 2-11）、褐飞虱、三化螟（见图 2-12）等虫害的防治工作。抽穗期的虫害防治一般进行两次，即在水稻破口前 5 ~ 7 天和始穗期各防治一次，同时应注意交替使用药剂和增加用水量。

图 2-11　二化螟（卵—幼虫—成虫）

图 2-12　三化螟（卵—幼虫—成虫）

3. 草害防治

草害防治建议采用“两封一杀一补”的策略，同时应严格控制用药量，以防药害发生。

（1）一封。在对绿肥茬田、冬闲田等进行整田后时间充裕时，在泥浆还未沉淀的浑水状态下，每亩用26%噁草酮乳油100～120 mL，趁浑水甩施，施药后保水3～5天，待水渗干后播种。

对小麦茬田等进行整田后需要马上播种，在播种后4～5天，用苄嘧·丙草胺可湿性粉剂兑水稀释后均匀地喷洒在土壤上。施药时，田块应湿润、不积水，蓄水沟内要有浅水。施药后3天内田块应保持湿润，并做好平水缺。

（2）一杀。若一封效果不理想，田间杂草仍较多，在稗草或千金子的2～3叶期，用五氟磺草胺·氰氟草酯可分散油悬浮剂兑水稀释，对茎叶进行喷雾施药。施药前应排干田中水，施药一天后应复灌水并保水3～5天。

（3）二封。在对茎叶进行喷雾处理后3～5天，当水稻田重新建立水层后，用苄嘧·苯噻酰可湿性粉剂或苄嘧·丙草胺可湿性粉剂拌细土或化肥撒施。施药前水稻田要有薄水层，保水3～5天后恢复正常的田间管理。

（4）茎叶期补除（即一补）

1）对于以稗草为主的田块，在稗草2～3叶期，用五氟磺草胺·氰氟草酯可分散油悬浮剂兑水稀释后喷雾施药。施药前应排干田中水，施药一天后应复灌水并保水3～5天。五氟磺草胺·氰氟草酯可分散油悬浮剂对高龄稗草效果好，但对豆类植物（有些地方如上海，农民会在种植水稻的田埂上种植豆类植物如毛豆等）的生长有影响，施药时应避免药液飘移。

2）对于以千金子为主的田块，在千金子2～3叶期，用氰氟草酯乳油兑水稀释后喷雾施药。施药前应排干田中水，施药一天后应复灌水并保水3～5天。

3）对于兼有千金子、稗草的田块，在千金子、稗草2～3叶期，用噁唑酰草胺乳油或五氟磺草胺·氰氟草酯可分散油悬浮剂兑水稀释，对茎叶进行喷雾施药。施药前应排干田中水，施药一天后应复灌水并保水3～5天。

4）对于以莎草和阔叶杂草为主的田块，在播种后30天左右，用吡嘧磺隆可湿性粉剂兑水稀释后喷雾施药，或撒毒土（即混合上述药剂的土）。施药时应保证田块湿润或有薄水层，施药后应保水5天以上。若莎草和阔叶杂草草龄较大，可选用二甲·灭草松可溶液剂，或混用苯达松水剂和二甲四氯钠水剂，兑水稀释后对杂草茎叶进行喷雾施药。施药前应排干田中水，隔天灌水后恢复正常的田间管理。

学习单元 2

机械化穴直播作业前的准备工作

一、机器、随机工具、田块和稻种的准备

1. 对水稻穴直播机燃油、机油、液压油、冷却液等的余量进行确认；将钥匙开关置于“开”位置，观察液晶面板上的“燃油表”，若燃油不足时，液晶面板上显示“请加燃油”，且“燃油表”会闪烁。

2. 查看水稻穴直播机的状态，如各部位有无变形、损伤、污迹，燃油是否泄漏，轮胎有无损伤、磨损，各螺栓是否松动，各部位的连接是否可靠。根据水稻品种检查排种器窝眼是否按要求调好，根据播期和播种量确定播种穴距。

3. 做好田块、稻种的准备以及随机工具的调配。

4. 将稻种用筛子筛一遍，去除杂质，提高播种精度。

5. 启动后检查播种部升降、动力输出、排种器运转是否正常，检查水稻穴直播机前进、后退是否正常；在排种器中加入稻种，重点观察排种是否连续、排种量是否合适。

二、播期、播种量的选择

水稻的有效种植和生产直接关系到农民的经济收入，我国幅员辽阔，水稻种植区地理条件、气候条件、土壤条件各不相同，因此，水稻穴直播的时间（即播期）及播

种量也不尽相同。要根据各地气候条件和早、中、晚稻机械化穴直播技术的特点，以及当地农业部门的农艺技术要求，来确定水稻穴直播的时间和播种量。下面以上海地区水稻穴直播为例，介绍播期和播种量的选择方法。

对于杂交稻品种，宜选用绿肥茬田、冬闲田等早茬口田块，一般在 5 月下旬播种，视气温情况（日平均气温稳定在 15 ℃以上即可）宜早不宜迟。每亩播稻种 2 ~ 2.5 kg，穴距一般在 14 ~ 18 cm，每亩播 1.7 万穴以上，基本苗力争达到 4.5 ~ 5.5 万株 / 亩。

对于常规稻品种，宜选用大麦茬、油菜茬和小麦茬等中晚茬口田块，一般在 5 月底至 6 月 12 日播种。每亩播稻种 3.5 ~ 4.5 kg，穴距一般在 10 ~ 14 cm，每亩播 1.9 万穴以上，基本苗力争达到 8.5 ~ 9.5 万株 / 亩。

不同穴距的播种密度见表 2–1。

表 2–1　　不同穴距的播种密度

行距 /cm	穴距 /cm	亩穴数 /（万穴 / 亩）	行距 /cm	穴距 /cm	亩穴数 /（万穴 / 亩）
20	10	3.33	25	10	2.67
	12	2.78		12	2.22
	14	2.38		14	1.90
	16	2.08		16	1.67
	18	1.85		18	1.48

学习单元 3

装卸稻种的方法

一、装稻种的方法

将水稻穴直播机开到田埂边，踩下制动踏板，停好机器，将主变速手柄置于“补种”位置，将播种部降至最低位置并锁定；逐个打开播种箱盖，添加适量稻种后盖好播种箱盖。注意，应将稻种自然倒入，不宜用手按压已倒入播种箱的稻种，以免影响播种质量。另外，在雨天播种时，应防止稻种被雨淋湿，否则会影响播种质量。装完稻种后，将播种部升至最高位置并锁定。

二、卸稻种的方法

在水稻穴直播机更换稻种时和每天播种作业结束后，需要卸稻种和清理排种器。卸稻种应将水稻穴直播机开出水稻田或开至靠近田埂处，升起播种部并锁定，将发动机熄火，踩下制动踏板并将驻车手柄置于“锁定”位置，用手逐个拧松卸种板螺母（见图 2–13 的 1），抽出卸种板（见图 2–13 的 2），播种箱内的稻种就会自动落出。

清理排种器时应启动发动机，将播种升降手柄置于“播种（合）”位置，将主变速手柄置于“中立”位置，踩下变速踏板，使排种器转动 1 ~ 2 min，以排尽留在排种器窝眼内的剩余稻种。卸完稻种后，装好卸种板并拧紧卸种板螺母。

图 2-13　卸种时用到的部件

1—卸种板螺母　2—卸种板

学习单元 4

机械化穴直播作业的质量指标

机械化穴直播作业的质量指标包括播种深度合格率、播种穴粒数合格率和空穴率、总播种量偏差率、各行排种量一致性变异系数、播种穴距合格率、稻种破损率等。

一、播种深度合格率

播种深度是指播种后稻种上部覆盖土层的厚度。播种深度合格率的测定方法如下：操作水稻穴直播机在使用说明书规定的速度下作业，待作业完成后，在预先交错选定的 3 个测区上进行测定（每个测区往返各一个单程），每个测区测 5 穴，播种覆土后，剥开土层，测定播种深度。合格播种深度为（$h \pm 1$）cm（h 为当地农业主管部门要求的播种深度），播种深度合格率是指播种深度合格穴数占测定总穴数的百分比，其计算式为：

$$H=\frac{n_h}{N_h}\times 100\%$$

式中 H——播种深度合格率，%；

n_h——播种深度合格穴数，穴；

N_h——测定总穴数，穴。

一般情况下，水稻穴直播机的播种深度合格率应不小于 75%。播种深度合格率测定示例表见表 2–2。

表 2-2　　播种深度合格率测定示例表

测区	播种深度 /cm				
测区 1	3.0	3.0	2.0	2.0	2.5
测区 2	3.0	3.0	0.5	1.5	3.0
测区 3	3.0	2.0	3.0	2.5	1.5
测定深度合格穴数 / 穴	14				
测定总穴数 / 穴	15				
播种深度合格率	93.3%				
备注：当地农业主管部门要求的播种深度为 2 cm					

二、播种穴粒数合格率和空穴率

播种穴粒数合格率和空穴率测定方法如下：操作水稻穴直播机在使用说明书规定的速度下作业，待作业完成后，测定 5 行，每行连续测定 10 个穴的穴粒数。统计合格穴数（合格穴是指穴中稻种粒数大于等于合格穴粒数，合格穴粒数为当地农业主管部门要求的穴粒数 ±2）和空穴数。播种穴粒数合格率为合格穴数与测定总穴数之比，空穴率为空穴数与测定总穴数之比，其计算式分别为：

$$S=\frac{n_s}{N}\times 100\%$$

$$K=\frac{n_k}{N}\times 100\%$$

式中　S——播种穴粒数合格率，%；

n_s——合格穴数，穴；

N——测定总穴数，穴；

K——空穴率，%；

n_k——空穴数，穴。

一般情况下，播种穴粒数合格率应不低于 85%，空穴率应不高于 5%。播种穴粒数合格率和空穴率测定示例表见表 2-3。

表 2-3　　播种穴粒数合格率和空穴率测定示例表

测定的行	穴粒数 / 粒									
行 1	5	6	4	2	3	5	6	5	4	5
行 2	2	3	4	6	6	0	3	4	2	4

续表

测定的行	穴粒数 / 粒									
行 3	3	5	2	2	4	5	7	3	4	5
行 4	5	6	4	4	6	5	2	6	1	8
行 5	4	2	3	0	9	2	6	5	3	2
空穴数 / 穴	2									
合格穴粒数 / 穴	44									
测定总穴数 / 穴	50									
播种穴粒数合格率	88%									
空穴率	4%									
备注：当地农业主管部门要求的穴粒数为 4										

三、总播种量偏差率

总播种量是指单位播种面积或单位播行长度内播入稻种的质量（或数量）。总播种量偏差率是指单位播种面积或单位播行长度内实际播入稻种的质量（或数量）减去要求播入稻种的质量（或数量）所得差值，与单位播种面积或单位播行长度内要求播入稻种的质量（或数量）的百分比，其计算式为：

$$P_{ZZ}=\frac{Q_{ZS}-Q_{ZY}}{Q_{ZY}}\times 100\%$$

式中 P_{ZZ}——总播种量偏差率，%；

Q_{ZS}——实际每公顷播种量，kg/hm^2；

Q_{ZY}——要求每公顷播种量，kg/hm^2；

总播种量偏差率一般为 ±2%。总播种量偏差率测定示例表见表 2–4。

表 2–4　总播种量偏差率测定示例表

加入机具内的稻种量 /kg	50	备注：上海地区要求每亩（15 亩 =1 hm^2）地的播种量为 2.5 kg
机具内剩余的稻种量 /kg	24.5	
实际播种量 /kg	25.5	
播种面积 /hm^2	0.67	
实际每公顷播种量 /（kg/hm^2）	38.1	
要求每公顷播种量 /（kg/hm^2）	37.5	
总播种量偏差	1.6%	

四、各行排种量一致性变异系数

各行排种量一致性是指水稻穴直播机在相同条件下在各行播下稻种的均匀程度。各行排种量一致性变异系数测定方法如下：测定行数不少于 6 行，每行测量若干次排种量（每次测同一段固定长度，如 10 m）。计算每次各行的总排种量后，计算每次平均排种量、各行排种量一致性的标准差和变异系数，具体计算式为：

$$\bar{X}=\frac{\sum X_i}{n}$$

$$S=\begin{cases}\sqrt{\dfrac{\sum(X_i-\bar{X})^2}{n-1}}(n<30)\\ \sqrt{\dfrac{\sum(X_i-\bar{X})^2}{n}}(n\geqslant30)\end{cases}$$

$$V=\frac{S}{\bar{X}}\times100\%$$

式中 $\bar{X}$——每次平均排种量，g；

n——测定行数；

X_i——每次各行的排种量（i=1，2，…，n），g；

S——各行排种量一致性标准差，g；

V——各行排种量一致性变异系数，%。

将各行排种量一致性标准差和各行排种量一致性变异系数分别取平均值，可得到总排种量一致性标准差和总排种量一致性变异系数，测定示例表见表 2-5。

表 2-5　各行排种量一致性变异系数测定示例表

测定的行	测定次数				
	1	2	3	4	5
	排种量 /g				
行 1	139.2	139.6	141.3	142.3	142.9
行 2	133.2	133.4	131.8	133.6	134.0
行 3	132.9	132.4	132.8	132.6	131.9
行 4	137.9	137.7	137.4	138.5	137.8
行 5	133.8	133.8	133.8	134.1	134.5
行 6	139.1	139.8	138.8	138.4	139.8

续表

测定的行	测定次数				
	1	2	3	4	5
	排种量 /g				
行 7	136.0	136.3	138.1	138.9	137.8
行 8	136.2	136.2	135.5	135.8	136.7
行 9	135.2	135.8	134.8	136.3	135.3
行 10	134.8	134.2	135.1	135.2	134.9
每次各行总排种量 /g	1 358.3	1 359.2	1 359.4	1 365.7	1 365.6
每次平均排种量 /g	135.8	135.9	135.9	136.6	136.6
各行排种量一致性标准差 /g	2.30	2.54	2.93	2.95	3.17
各行排种量一致性变异系数	1.69%	1.87%	2.16%	2.16%	2.32%
总排种量一致性标准差 /g	2.78				
总排种量稳定性变异系数	2.04%				

五、播种穴距合格率

合格穴距为当地农业主管部门要求的穴距 ±5 cm。在对播种穴距合格率进行测定时，一般测定 6 行，每行连续测定不少于 20 个穴距。播种穴距合格率为合格穴距数与穴距总数的百分比，其计算式为：

$$L=\frac{n_1}{N_1}\times 100\%$$

式中 L——穴距合格率，%；

n_1——合格穴距数，个；

N_1——穴距总数，个。

一般情况下，穴距合格率不小于 85%。播种穴距合格率测定示例表见表 2–6。

表 2–6　　播种穴距合格率测定示例表

序号	1	2	3	4	5	6	7	8	9	10
穴距 /cm	14	15	15	13	14	15	14	14	16	15
序号	11	12	13	14	15	16	17	18	19	20
穴距 /cm	14	15	15	14	14	14	13	15	14	15

续表

序号	21	22	23	24	25	26	27	28	29	30
穴距 /cm	14	16	15	15	14	13	14	15	14	14
序号	31	32	33	34	35	36	37	38	39	40
穴距 /cm	13	15	14	15	14	13	13	16	15	13
序号	41	42	43	44	45	46	47	48	49	50
穴距 /cm	13	15	15	14	15	14	14	14	15	15
序号	51	52	53	54	55	56	57	58	59	60
穴距 /cm	14	15	13	14	14	14	15	13	15	15
序号	61	62	63	64	65	66	67	68	69	70
穴距 /cm	14	14	14	14	14	14	14	15	14	13
序号	71	72	73	74	75	76	77	78	79	80
穴距 /cm	15	15	14	14	13	14	14	15	15	14
序号	81	82	83	84	85	86	87	88	89	90
穴距 /cm	12	15	14	13	14	13	15	15	14	13
序号	91	92	93	94	95	96	97	98	99	100
穴距 /cm	14	12	16	13	13	15	15	14	14	13
序号	101	102	103	104	105	106	107	108	109	110
穴距 /cm	13	15	14	13	14	13	14	15	14	13
序号	111	112	113	114	115	116	117	118	119	120
穴距 /cm	14	12	13	13	13	12	15	15	14	13
合格穴距数 / 个	100									
穴距总数 / 个	100									
穴距合格率	100%									
备注：当地农业主管部门要求的穴距为 12 cm										

六、稻种破损率

稻种破损率是指播种后稻种破损率与稻种自然破损率之差。其测定方法如下：先测定稻种自然破损率，再将其放入排种器排种，将各排种器排出后的稻种混合均匀，取出 3 份稻种样本（每份稻种样本质量约 100 g），选出其中破损、有伤的稻种称其质量。计算破损、有伤稻种质量占样本总质量的百分比，取平均值得出播种后稻种破损率，再减去稻种自然破损率，即得出水稻穴直播机作业时的稻种破损率，其计算式为：

$$B=B_2-B_1$$

式中 B——稻种破损率，%；

B_1——稻种自然破损率，%；

B_2——播种后稻种破损率，%。

一般情况下，稻种破损率应不高于 1.5%。稻种破损率测定示例表见表 2–7。

表 2–7 稻种破损率测定示例表

原始稻种取样质量 /g	100.0	100.0	100.0	稻种平均自然破损率
原始破损稻种质量 /g	1.9	1.5	1.3	
稻种自然破损率	1.9%	1.5%	1.3%	1.6%
播种后稻种取样质量 /g	100.0	100.0	100.0	播种后稻种平均破损率
播种后破损稻种质量 /g	2.4	1.8	1.4	
播种后稻种破损率	2.4%	1.8%	1.4%	1.9%
稻种破损率	0.3%			

学习单元 5

排种器窝眼及播种穴距的调整

一、排种器窝眼的调整

在调整排种器窝眼之前，要先对排种器进行检查，具体方法如下：清除播种箱（播种箱与排种器相连）内的杂物（如遗留的稻种等），将窝眼式排种轮的孔清理干净；检查窝眼式排种轮、毛刷轮是否能正常转动；检查护种胶带是否完好，并确定其运转情况正常；检查排种口是否堵塞。

排种器的排种轮设有大、小两套窝眼，应根据水稻品种进行调整。当调至大窝眼（见图 2–14a）时，每穴 7～9 粒，适用常规稻品种；当调至小窝眼（见图 2–14b）时，每穴 3～5 粒，适用杂交稻品种。

1. 调整方法

在排种器中稻种清理干净的情况下，用随机配备的专用调整扳手将法兰盘压入排种器，然后将排种轮调至大窝眼或小窝眼的位置，如图 2–15 所示，调整到位后法兰盘自动复位、锁定。

2. 调整注意事项

（1）调整前，务必清理干净窝眼内的稻种，否则会损坏内部结构，并且不易调整到位。

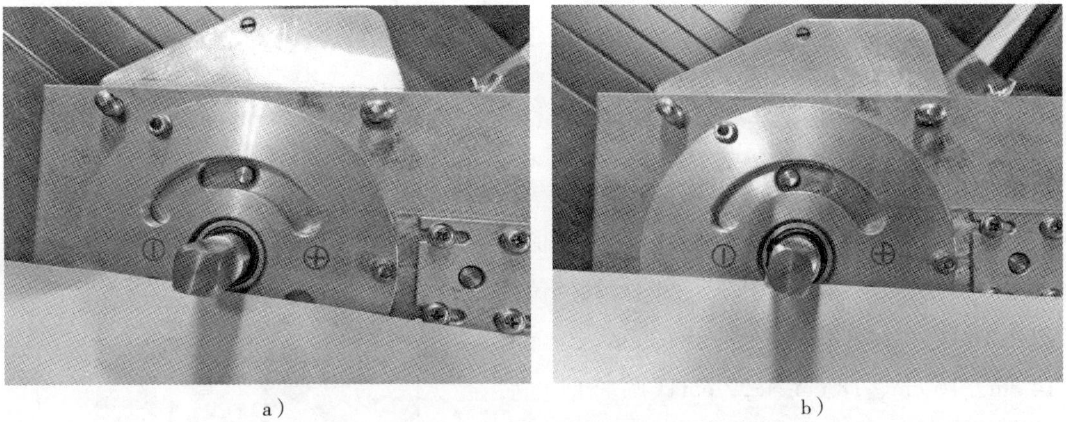

图 2-14　大、小窝眼的调整

a）调至大窝眼　b）调至小窝眼

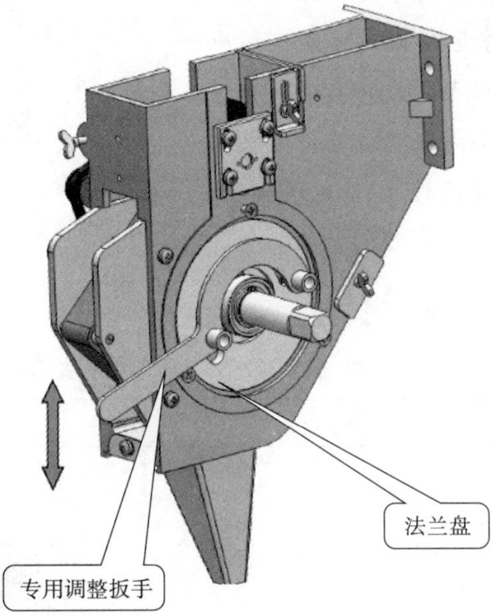

图 2-15　调整排种轮窝眼

（2）调整时，必须在水稻穴直播机发动机熄火的状态下进行，否则可能损坏排种器或发生伤人事故。

（3）如果不能将法兰盘压入排种器，则需要松开连接套，转动排种器轴直至法兰盘能压入排种器。

（4）调整后，需要检查所有排种口的排种量是否一致。

二、播种穴距的调整

1. 调整方法

播种穴距的调整由主、副穴距调节手柄的操作来实现，主、副穴距调节手柄及其挡位如图 2-16 所示，可将穴距调至 10 cm、12 cm、14 cm、16 cm、18 cm 和 22 cm。调整时，启动发动机，将主变速手柄置于“中立”位置，松开制动踏板，将驻车手柄置于“解除”位置，轻踩变速踏板后再进行主、副穴距调节手柄的操作，分别将其对准需要的穴距挡位即可。穴距与主、副穴距调节手柄位置的关系见表 2-8。因水稻田条件不同，实际播种穴距可能会稍有差异，故一般先进行 4～5 m 的试播，然后进行检查和确认，并做必要的调节。上海地区的建议穴距见表 2-9。

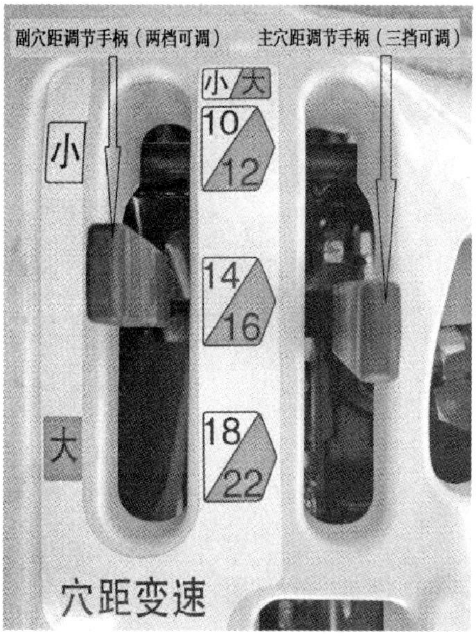

图 2-16　主、副穴距调节手柄及其挡位

表 2-8　　穴距与主、副穴距调节手柄位置的关系

穴距	手柄位置	图示
10 cm	主穴距调节手柄置于“10/12”位置，副穴距调节手柄置于“小”位置	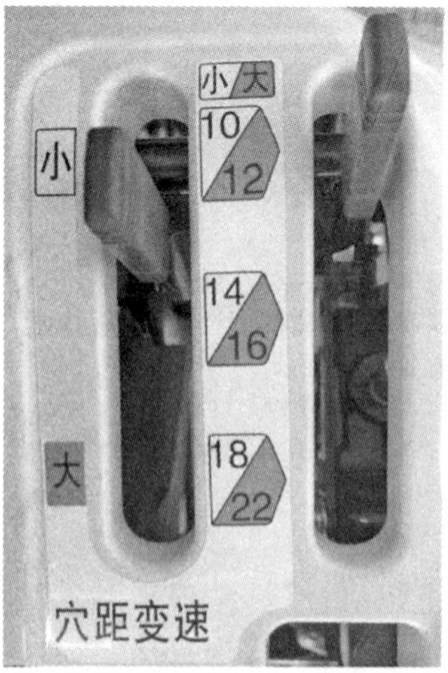

续表

穴距	手柄位置	图示
12 cm	主穴距调节手柄置于“10/12”位置，副穴距调节手柄置于“大”位置	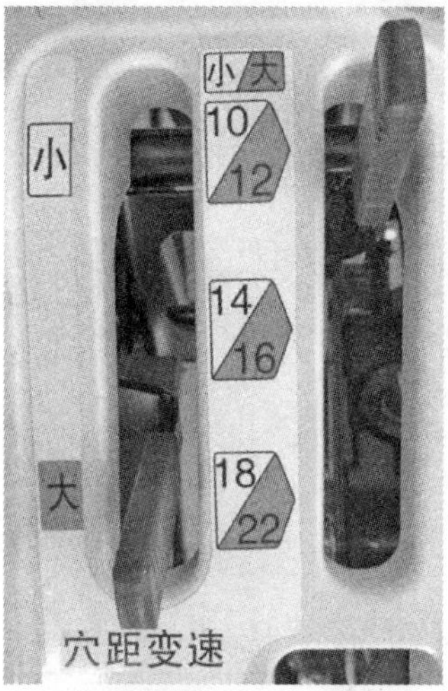
14 cm	主穴距调节手柄置于“14/16”位置，副穴距调节手柄置于“小”位置	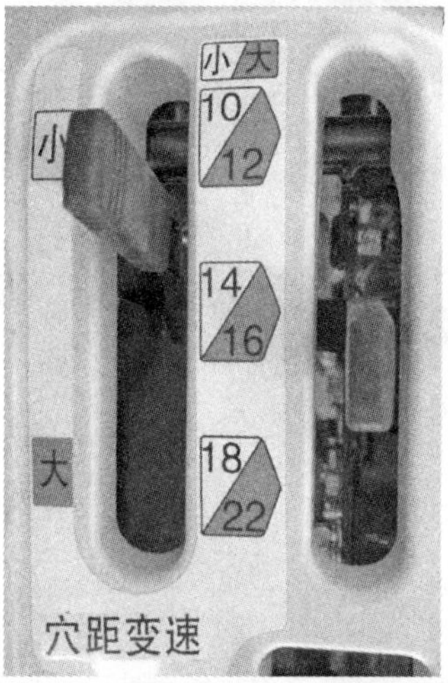
16 cm	主穴距调节手柄置于“14/16”位置，副穴距调节手柄置于“大”位置	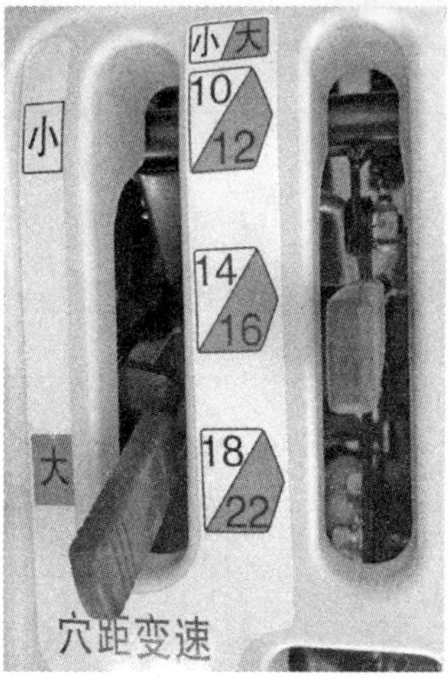

续表

穴距	手柄位置	图示
18 cm	主穴距调节手柄置于“18/22”位置，副穴距调节手柄置于“小”位置	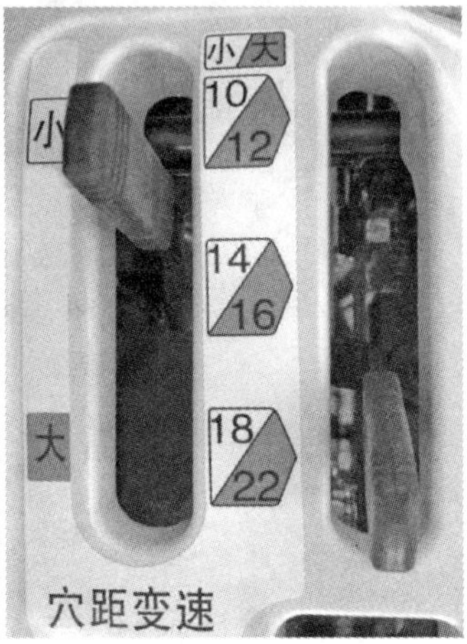
22 cm	主穴距调节手柄置于“18/22”位置，副穴距调节手柄置于“大”位置	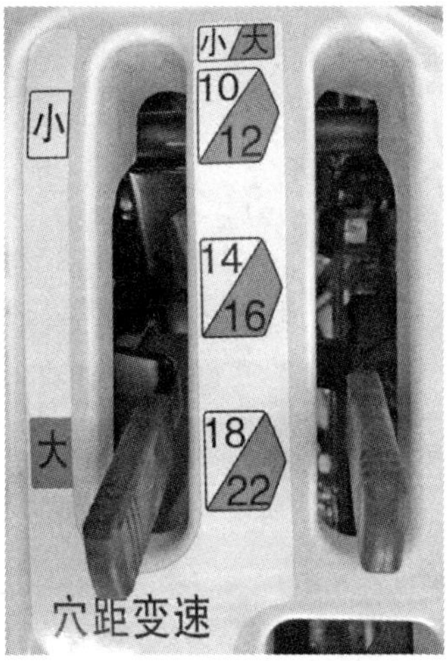

表 2-9　　上海地区的建议穴距

播种日期	常规稻		杂交稻	
	行距 /cm	建议穴距 /cm	行距 /cm	建议穴距 /cm
5 月 25 日—5 月 30 日	20	16	20	18
	25	14	25	16
5 月 31 日—6 月 5 日	20	14	20	16
	25	12	25	14
6 月 6 日—6 月 15 日	20	12	20	16
	25	10	25	14

2. 调整注意事项

（1）穴距调整好后，要观察动力输出轴是否转动。若动力输出轴不转动，则说明穴距调节手柄没有调整到位，应继续调整，直至动力输出轴转动为止。

（2）田脚深浅、土壤差异、行走轮打滑等因素会使水稻穴直播机设置的穴距与田间播种时的实际穴距有一定误差，故应以实际穴距为准，且以最接近建议穴距为佳。

（3）早熟品种建议使用 10 cm 穴距。

学习单元 6

试播

一、播种箱的检查

播种箱用于装稻种，每个排种器对应一个播种箱，在正式作业之前需要试播，而试播的第一步就是检查播种箱能否正常出种。播种箱的检查要求具体如下。

1. 箱体表面不得有明显的伤痕，不得有毛刺、尖角，不得有明显的缩孔和网状裂纹。

2. 播种箱应安装牢靠，驱动排种器的连接套应安装到位、工作正常。

3. 播种箱内应干净、整洁、无异物。

4. 更换稻种和每天作业完成后，应及时将播种箱和排种器内的稻种清理干净，因为如果稻种在机器内过夜，就会继续发芽而堵塞排种口，影响第二天的作业。

二、试播流程

启动水稻穴直播机，在播种部升起的状态下，将播种部升降开关置于“下降停止”位置，缓慢地驶入水稻田；将播种部升降开关置于“解除”位置，将播种部降下；慢慢地踩变速踏板，水稻穴直播机开始移动并进行试播；在试播 4 ~ 5 m 后，停下水稻穴直播机，检查播种状态是否符合要求，如不符合要求，应合理调整相关的技术参数。具体检查内容如下：检查播种穴距，若不符合要求可通过穴距调节手柄进行调整；检查每穴播下的稻种粒数是否均匀、是否符合播种要求；检查各排种口的排种量是否一致，可按需调整窝眼、限种板等；确认播种沟、蓄水沟的深浅状况，可按需通过油压感度调节手柄进行调整；确认壅泥状况，可按需调整左右挡泥侧板或降低前进速度。

学习单元 7

正常穴直播

一、田间作业

当水稻穴直播机进入水稻田后，松开变速踏板，待水稻穴直播机停下后，将主变速手柄置于“中立”位置，将播种部升至最高位置，将播种部升降开关置于“下降停止”位置，检查播种部运转情况。将主变速手柄置于“前进”位置，将油门手柄置于“低速”侧，将播种升降手柄置于“播种（合）”位置，稍微踩下变速踏板，此时播种部处于准备作业状态；将播种部升降开关置于“解除”位置，将播种升降手柄置于“降（离）”位置，降下播种部；将中央标杆和侧标杆固定在易于被驾驶操作人员观察到的位置，驾驶操作人员观察水稻穴直播机的状态和周围水稻田状态，若无异常，踩下变速踏板，正常进行穴直播作业；待作业状态稳定后，将速度固定手柄置于“高”侧，松开变速踏板，使水稻穴直播机保持恒定的速度前进。一般情况下，作业速度不超过 3.6 km/h。驾驶操作人员应持续观察播种质量，若发现壅泥、漏播、重播等现象应及时调整。

如果需要解除速度固定，应将速度固定手柄置于“停止”位置，缓慢地踩下制动踏板。如果听到离合器分离的声音不用在意，因为这并非异常现象，可将制动踏板踩到底。

二、播种路线及转弯方法

1. 播种路线

（1）长方形田块。当田块为长方形时，播种路线如图 2–17 所示。应按图示箭头方向作业，首先沿田块的长边开始播种，在接近地头时，先操作主变速手柄减速，再将播种升降手柄置于“降（离）”位置，则播种部停止工作，然后操作播种升降手柄升起播种部；升起播种部后转向，转至待播行，使中央标杆与划线杆划痕对齐，并使机身与已播行保持平行，继续播种。

（2）梯形田块。当田块为梯形时，播种路线如图 2–18 所示。应按图示箭头方向作业，以 *A* 面为基准，具体作业步骤如下：在 *B* 面、*C* 面和 *D* 面各留出一个供机器往返的宽度 *E*，以便沿 *A* 面播种，先按图 2–18 所示的路线 1 进行播种，该路线上的播种任务结束后，停止播种，升起播种部；操作机器行走至线路 2 的起点，并按照 *D* 面、*C* 面和 *B* 面的顺序，从田埂侧按图 2–18 所示的路线 2 开始播种，该路线上的播种任务结束后，停止播种，升起播种部；操作机器转至线路 3 的起点，按照 *B* 面、*C* 面和 *D* 面的顺序，按图 2–18 所示的路线 3 播种剩下的部分，最后从出入口驶出。

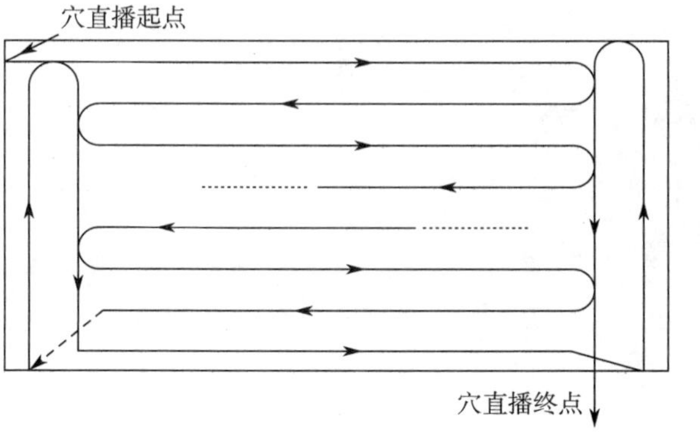

图 2–17　长方形田块的播种路线

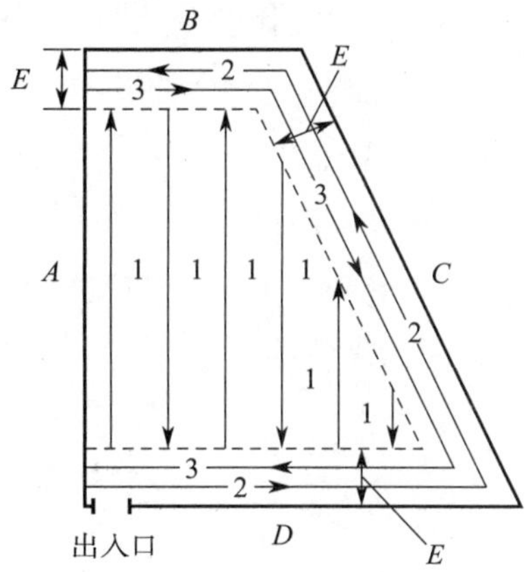

图 2–18　梯形田块的播种路线

2. 转弯方法

水稻穴直播机在田块中转弯时一般有两种情况：一是行走到地头后先后退再转弯（即先后退再转弯法）；二是行走到地头预留的播行处后立即转弯（即不后退就转弯法）。在田间进行播种作业时，多使用不后退就转弯的方法。

（1）不后退就转弯法

1）接近田埂时，踩下变速踏板减速。

2）将播种升降手柄置于“升”位置，升起播种部。

3）踩下变速踏板，同时转动转向盘转弯。

4）用侧标杆与中央标杆对准相邻行，将机身调直，对准前进方向。

5）将播种升降手柄置于“降（离）”位置，降下播种部。

6）调整好位置，用播种升降手柄放下划线杆。

7）然后踩下变速踏板，继续作业。

（2）先后退再转弯法

1）接近田埂时，踩下变速踏板减速。

2）在前轮即将碰到田埂时，将脚从变速踏板上挪开，踩下制动踏板。

3）把主变速手柄置于“后退”位置，播种部自动升起。

4）缓慢地踩下变速踏板，笔直后退至能转弯的位置。

5）将主变速手柄置于“前进”位置，踩下变速踏板的同时转动转向盘，避免机身撞到田埂。

6）用侧标杆对准相邻行，将机身调直。

7）将播种升降手柄置于“降（离）”位置，降下播种部。

8）穴直播作业开始时，用播种升降手柄放下划线杆。

9）再踩下变速踏板，继续作业。

（3）注意事项

1）转弯时必须提升播种部，防止其损坏。

2）转弯时要提前控制好水稻穴直播机的前进速度，不要在前轮冲上田埂后再停止，因为齿轮的卡滞会使主变速手柄的操作变得沉重。

学习单元 8

首行播种路线和收尾路线

一、首行靠田埂边播种

采用首行靠田埂边播种方法时，首先将水稻穴直播机移至田埂边，以田埂作为基准进行穴直播作业，此时将侧标杆对准田埂边。当作业到地头附近时，沿田埂边各留两个行程宽度（即 4 m，一个行程宽度为 2 m），以便于最后收尾时转弯。首行靠田埂边播种路线如图 2-19 所示，这种方法一般适用于形状较规则的田块。

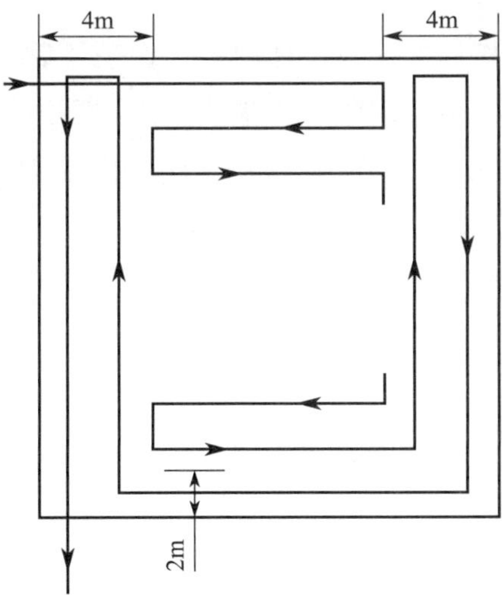

图 2-19　首行靠田埂边播种路线

二、首行不靠田埂边播种

采用首行不靠田埂边播种方法时，首先将水稻穴直播机移至距田埂边一个行程宽度（2 m）的位置，以田埂边的平行线作为基准进行穴直播作业；当作业到地头附近时，沿田埂边各留一个行程宽度，以便于最后收尾；最后沿田埂边作业一圈，完成整个田块的播种作业。首行不靠田埂边播种路线如图 2-20 所示，这种方法多适用于形状不规则的田块。

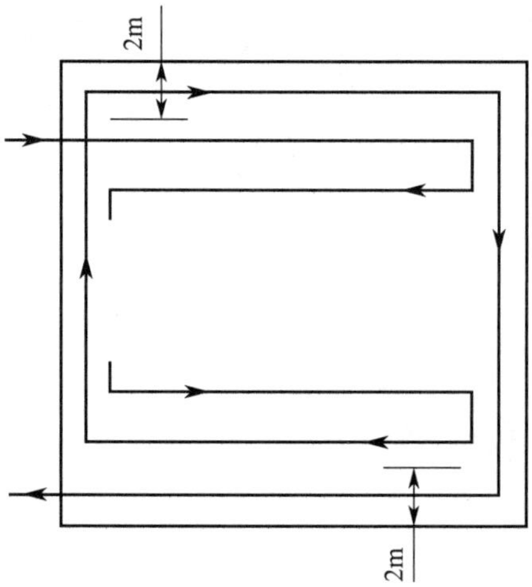

图 2-20　首行不靠田埂边播种路线

三、田埂边收尾播种

在田埂边进行穴直播作业的收尾工作时，应保证最后一个行程能播种所有行数。因此，当穴直播作业将要结束，水稻穴直播机接近田埂边时，就要考虑剩下的行数，并在倒数第二个行程调整好，以便在最后一个行程能播种剩下的行数。以 10 行机型为例，如果最后还剩下 8 行，则在倒数第二个行程结束后，拆掉边上 2 行驱动排种器的连接套，停止边上 2 行的播种，而只播种 8 行，这样就能保证最后一个行程满播。

学习单元 9

装卸水稻穴直播机

一、准备工作及装卸方法

1. 准备工作

（1）卡车的准备工作。往卡车上装卸水稻穴直播机时应选择平坦、安全、有充足作业空间的场地，应将卡车的变速挡置于“P”或“1”挡位，挂上手刹，在卡车的车轮上加制动器。

（2）水稻穴直播机的准备工作。卸下水稻穴直播机上的稻种、物资及其他无关物品，如果带有施肥机还应排出所有肥料。收起划线杆、侧标杆和中央标杆，将播种部升至最高位置，然后进行锁定以防止其下降。注意，应确认水稻穴直播机机身不会接触卡车车厢的左右挡板。

（3）装卸跳板的准备工作。对装卸跳板的要求见表 2–10。装卸跳板应带有挂钩并配有绳索、垫块，挂钩、绳索、垫块都应具有足够的强度；装卸跳板还应带有防滑装置。将装卸跳板挂靠在卡车车厢上时，其中心线应与车厢中心线对齐，且装卸跳板挂靠在车厢的一端应与车厢无高度差。

2. 装卸方法

在装卸水稻穴直播机时，播种部应处于最高位置，将播种部升降开关置于“下降停止”位置。装车时要采用后退的方式（见图 2–21），卸车时要采用前进的方式，装、卸车时均应低速行驶，具体操作流程如下。

表 2–10　对装卸跳板的要求

项目	要求
长度	卡车车厢高度的 4 倍以上
宽度	30 cm 以上
强度	每块装卸跳板能承受 850 kg 以上的质量
表面	经过防滑处理

图 2–21　装车时要采用后退的方式

（1）装车步骤

1）将水稻穴直播机调整到行走状态。

2）将播种部升至最高位置，折叠侧保险杆。

3）操作水稻穴直播机靠近装卸跳板，使其前后轮均笔直地对准装卸跳板，且水稻穴直播机处于装卸跳板的中央。

4）将油门手柄置于“低速”位置。

5）将主变速手柄置于“后退”位置。

6）缓慢地踩下变速踏板，后退装车。

（2）固定步骤。装车后应将水稻穴直播机固定。

1）不要让播种部靠在卡车的挡板上，否则会损坏机器。

2）关闭发动机，将驻车手柄置于“锁定”位置。

3）将绳索挂在绳索挂钩上，如图 2-22 所示，并确认已固定好。绝对不能将绳索挂在播种部的侧保险杆（见图 2-23）上，否则会导致机器变形或损坏。

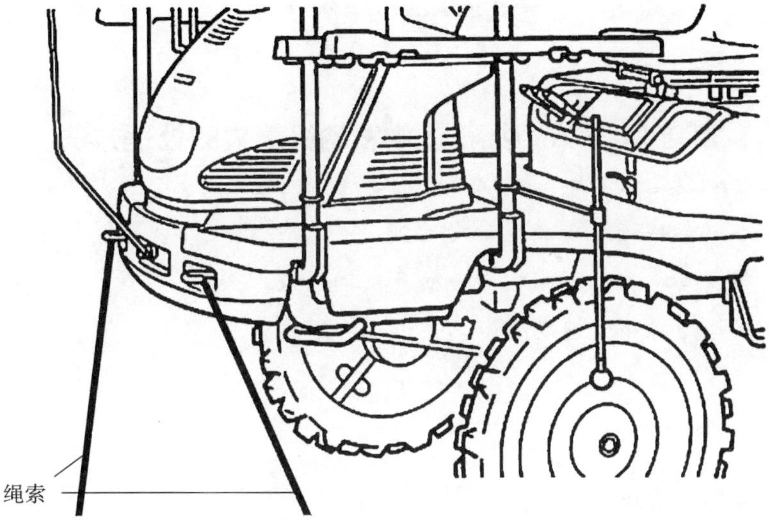

图 2-22　将绳索挂在绳索挂钩上

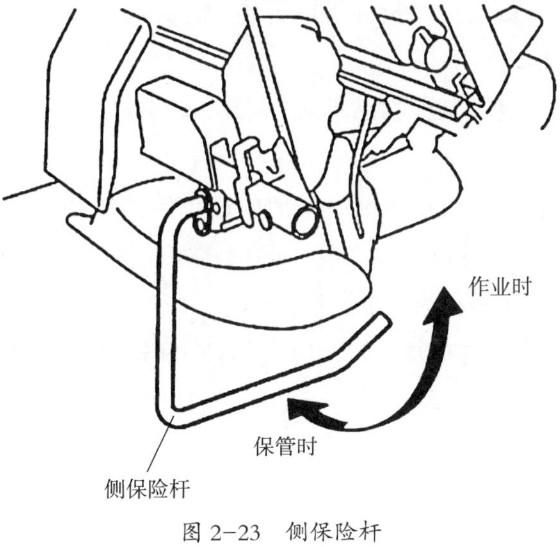

图 2-23　侧保险杆

4）将燃油开关调整到“关”位置。

（3）卸车步骤

1）将燃油开关调整到“开”位置。

2）松开固定机身的绳索，启动发动机。

3）将主变速手柄置于“前进”位置，将油门手柄置于“高速”侧。

4）解除制动锁定。

5）缓慢地踩下变速踏板，握好转向盘，笔直地对准装卸跳板前进。注意，不要在装卸跳板上改变前进方向。

相关链接

装卸水稻穴直播机途中发动机熄火的处理方法

（1）将制动踏板踩到底。

（2）在装卸跳板上重新启动发动机。

（3）待发动机启动后，缓慢地松开制动踏板。

（4）缓慢地踩下变速踏板，用最低速后退或前进。

二、安全措施

装卸水稻穴直播机的安全措施如下。

1. 应在其他工作人员的现场指挥下进行装卸，共同作业人员、无关人员应远离行驶在装卸跳板上的水稻穴直播机。

2. 严禁将稻种、肥料或其他物品堆放在水稻穴直播机上，否则机身会因重心发生变化而翻倒。

3. 水稻穴直播机在装卸跳板上时，一般应避免使用制动踏板，必须要制动时，动作要快。不得已要在装卸跳板上停车时，必须将主变速手柄置于“前进”或“后退”位置，将播种部降下，踩下制动踏板。

4. 在装卸过程中需要改变方向时，应先驾驶水稻穴直播机回到地面或卡车车厢，在纠正方向后再重新驶上装卸跳板。

操作技能

窝眼的调整

操作准备

1. 自走式水稻穴直播机及随机工具。

2. 不小于 80 m^2 的室外场地，地势平坦，光线充足，无外界干扰。

操作步骤

步骤 1 排种器的检查

（1）清除播种箱及窝眼内的杂物。

（2）检查窝眼式排种轮、毛刷轮是否能正常转动。

（3）检查护种胶带是否完好。

（4）检查排种口是否堵塞。

步骤 2 根据水稻品种确定窝眼的大小

（1）常规稻品种使用大窝眼。

（2）杂交稻品种使用小窝眼。

步骤 3 调整窝眼

（1）确认发动机已熄火。

（2）用随机配备的专用调整扳手将法兰盘压入排种器后进行调整。

步骤 4 检查、确认调整结果

检查所有排种口的排种量是否一致。

机械化穴直播作业

操作准备

1. 自走式水稻穴直播机及随机工具。

2. 不小于 1 亩的水稻田，光线充足，无外界干扰。

操作步骤

步骤 1 正确装稻种

（1）将主变速手柄置于正确的位置。

（2）将播种部降至最低位置并锁定。

（3）按次序给各播种箱装稻种。

（4）装好稻种后，将播种部升至最高位置并锁定。

步骤 2 试播

（1）正确启动水稻穴直播机。

（2）驶入水稻田进行试播。

（3）对试播情况进行检查，并按需调整相关的技术参数。

1）检查播种穴距。

2）检查每穴播下的稻种粒数是否均匀、是否符合播种要求。

3）检查各排种口排种量的一致性。

4）检查播种沟、蓄水沟的深浅状况。

5）检查壅泥状况。

步骤 3 田间作业

（1）正确操作主变速手柄、油门手柄和播种升降手柄。

（2）降下播种部。

（3）正确固定中央标杆和侧标杆。

（4）开始播种作业。

步骤 4 田块为长方形时的穴直播作业

（1）沿田块的长边开始播种。

（2）在接近地头时，正确操作各手柄，升起播种部。

（3）正确操作转向盘转向，正确使用中央标杆。

步骤 5 在田头先后退再转弯

（1）正确使用变速踏板。

（2）升起播种部。

（3）转弯。

（4）降下播种部。

（5）正确操作划线杆。

（6）起步继续播种。

步骤 6 停放水稻穴直播机

（1）正确选择停放场地。

（2）将制动踏板踩到底。

（3）正确关闭发动机。

（4）将驻车手柄置于“锁定”位置。

（5）放下播种部。

（6）正确取下钥匙。

机械化穴直播作业质量的检查

操作准备

1. 自走式水稻穴直播机及随机工具。

2. 不小于 1 亩的水稻田，光线充足，无外界干扰。

操作步骤

步骤 1 穴直播作业前的准备工作

（1）对穴直播机进行基本检查。

（2）根据水稻品种确定使用大窝眼还是小窝眼。

（3）根据播种量和播期确定播种穴距。

（4）确认水稻田的壅泥状况。

步骤 2 穴直播作业

（1）正确启动水稻穴直播机。

（2）驶入水稻田进行播种作业。

步骤 3 播种质量的检查和调整

（1）进行穴直播作业 4 ~ 5 m 后停车，检查播种情况。

（2）根据播种情况进行穴距的调整。

（3）根据播种量情况进行窝眼的调整。

（4）根据壅泥状况进行左右挡泥侧板的调整。

水稻穴直播机的装车

操作准备

1. 不小于 80 m^2 的室外场地，地势平坦，光线充足，无外界干扰，考核图形清晰，标记、桩头齐全。

2. 自走式水稻穴直播机及装卸跳板。

操作步骤

步骤 1 水稻穴直播机装车前的准备

（1）检查装卸跳板是否符合要求，如挂钩是否完好，是否配有绳索及垫块。

（2）将卡车的变速挡置于“P”或“1”挡位，挂上手刹，在卡车的车轮上加制动器。

（3）卸下水稻穴直播机上无关物品，检查水稻穴直播机是否处于行走状态，检查水稻穴直播机的宽度是否超出车厢。

（4）将装卸跳板挂靠在卡车车厢上，挂靠位置正确。

步骤 2 将播种部升至最高位置，将播种升降开关置于“下降停止”位置，折叠侧保险杆。

步骤 3 操作水稻穴直播机靠近装卸跳板，使其前后轮均笔直地对准装卸跳板，且水稻穴直播机处于装卸跳板的中央。

步骤 4 将油门手柄、主变速手柄置于正确位置。

步骤 5 缓慢地踩下变速踏板，后退装车。

测试题

一、判断题（将判断结果填入括号中，正确的填“√”，错误的填“×”）

1. 作业前应检查水稻穴直播机燃油、机油、液压油、冷却液等的余量；检查各螺栓是否松动，各部位的连接是否可靠，排种器窝眼是否已按要求调好等。（　　）

2. 装稻种时要将稻种自然倒入，不宜用手按压已倒入播种箱的稻种，以免影响播种质量。（　　）

3. 穴距调整好后，要观察动力输出轴是否转动。若动力输出轴不转动，则说明穴距调节手柄没有调整到位，应继续调整，直至动力输出轴转动为止。（　　）

4. 调整排种器窝眼必须在水稻穴直播机发动机熄火的状态下进行，否则可能损坏排种器或发生伤人事故。（　　）

5. 早熟品种建议使用 14 cm 穴距。（　　）

6. 水稻穴直播作业不需要制定路线。（　　）

7. 虫害防治应根据虫害发生情况正确用药，做到适时防治。（　　）

8. 在有效分蘖阶段，病害防治对象主要是水稻条纹叶枯病、水稻黑条矮缩病等，虫害防治对象主要是白背飞虱、稻纵卷叶螟、灰飞虱和螟虫。（　　）

二、单项选择题（选择一个正确的答案，将相应的字母填入题内的括号中）

1. 装稻种的方法具体如下：将水稻穴直播机开到田埂边，踩下（　　），停好机器，将主变速手柄置于“补种”位置，将播种部降至最低位置并锁定，逐个打开播种箱盖添加稻种。

A. 变速踏板　　B. 制动踏板　　C. 加速踏板　　D. 驻车踏板

2. 卸稻种时，将水稻穴直播机开出水稻田或开至靠近田埂处，升起（　　）并锁定。

A. 播种部　　B. 插植部　　C. 划线杆　　D. 保险杆

3. 在试播 4 ~ 5 m 后，停下机器，确认播种沟和蓄水沟的深浅状况、每穴播下的稻种粒数、播种（　　）、壅泥状况等，并按需进行调整。

A. 密度　　B. 深度　　C. 速度　　D. 穴距

4. 排种器大窝眼每穴（　　）粒，适用常规稻品种。

A. 5 ~ 7　　B. 6 ~ 8　　C. 7 ~ 9　　D. 8 ~ 9

5. 耕整后水稻田泥脚深度不应超过（　　）cm，应避免水稻穴直播机下陷。

A. 10　　B. 20　　C. 30　　D. 40

6. 采用首行不靠田埂边播种方法时，首先将水稻穴直播机移至距田埂边（　　）个行程宽度的位置，以田埂边的平行线作为基准进行穴直播作业。

A. 0.5　　B. 1　　C. 1.5　　D. 2

7. 施肥应遵循“(　　)”的原则，注重氮、磷、钾养分的平衡。

A. 前促、中控、后补　　B. 前控、中控、后补

C. 前促、中促、后控　　D. 前促、中控、后控

8. 后期重点防治的病害主要有（　　）。

A. 水稻纹枯病　　B. 水稻穗颈瘟　　C. 稻曲病　　D. 以上都是

9. 播种穴距的调整由主、副穴距调节手柄的操作来实现，可进行（　　）挡穴距的调整。

A. 2　　B. 4　　C. 6　　D. 8

10. 调节穴距至 22 cm 的操作具体如下：主穴距调节手柄置于“18/22”位置，副穴距调节手柄置于“(　　)”位置。

A. 小　　B. 大　　C. 多　　D. 少

测试题参考答案

一、判断题

1. √　2. √　3. √　4. √　5. ×　6. ×　7. √　8. √

二、单项选择题

1. B　2. A　3. D　4. C　5. C　6. B　7. A　8. D　9. C　10. B

培训任务 3

安全知识、维护保养及故障诊断与排除

培训目标

- 了解水稻穴直播机安全知识。
- 熟悉水稻穴直播机保养维护基础知识、常用燃油知识。
- 掌握水稻穴直播机播种系统常见故障的诊断与排除。
- 掌握水稻穴直播机发动机常见故障的诊断与排除。

学习单元 1

安全知识

一、燃油安全

1. 水稻穴直播机的燃油中不能加入润滑油混合使用

错误使用混合燃油会导致发动机积炭过多、输出功率下降，使机器过热、启动困难。

2. 避免燃油箱盖通气孔堵塞

为了防止燃油箱内燃油震荡溅出和蒸发损失，也为了防止灰尘进入燃油箱，燃油箱应是封闭的。发动机工作后，燃油开始消耗，封闭的燃油箱或因油面降低而形成真空负压，或因高温燃油蒸发而内压升高（燃油箱内外压差过大会造成供油不畅，从而导致发动机出现工作不稳定、自动熄火、难启动等现象），因此，燃油箱盖上设有通气孔，以平衡内外气压，使用中应保持通气孔畅通，避免其被污物堵塞。

3. 加注燃油的注意事项

（1）应避免加油太满，因为加油太满容易产生燃油箱气阻问题。

（2）应使用金属容器存放或加注燃油。以汽油为例，汽油属于甲类易燃液体，它的闪点小于 28 ℃。若用塑料桶装汽油，在灌装、倒出或振动过程中，汽油会与塑料桶壁互相摩擦而产生静电，引燃汽油或汽油与空气的混合气体，发生燃烧或爆炸。因此为了保证安全，不要用塑料桶装汽油。如果已用塑料桶装汽油，则必须装满，不要混入空气。倒出汽油前，要先将一根铁丝伸入塑料桶中，并将铁丝的另一端接地，这样就可将塑料桶中的静电放掉，然后再倒出汽油。总之，用塑料桶装汽油十分危险，最好不要用塑料桶装汽油；而金属容器导电，静电会因金属容器接地而被引入地下，所以用金属容器装汽油比较安全。

（3）确保加油安全

1）加油前发动机必须熄火。

2）加油时不能启动水稻穴直播机，否则可能引发火灾。

3）加油时不要使用手机接打电话。

4）加油时不要吸烟或使用明火。

5）雷雨天气最好不要加油。

4. 燃油室管理规定

（1）燃油室由专人负责管理，不同燃油分类存放。燃油室设有警示标志，未经许可，无关人员不得私自进入燃油室。任何人不得擅自动用燃油室中的任何物品。

（2）燃油室内存放的燃油用于水稻穴直播机的日常维护保养，不得用于其他用途，每次使用燃油都要进行登记。

（3）燃油室内存放的燃油不得无盖存放。

（4）禁止携带火柴、打火机等发火物和易燃物进入燃油室，禁止在燃油室内吸烟或使用明火。

（5）严禁在燃油室内从事可能产生火花的作业，燃油室的电气设施均应装设密闭防爆装置。

（6）燃油室必须有相应的防渗漏、防泄漏措施，且装有防静电接地线，定期进行通风。

（7）如果燃油室出现火情，工作人员应立即报告，并充分使用现场消防设备进行灭火。注意，禁止用水灭火。

（8）应定期对各类燃油进行检查，确保燃油质量合格并做好检查记录。

二、蓄电池安全

应按照使用说明书的要求使用指定品牌和规定容量的蓄电池。蓄电池仅用来启动发动机，不应用于其他用途。拆卸蓄电池时要从“-”极开始，安装时要从“+”极开始，否则会因短路而导致工作人员烧伤或引发火灾。

当水稻穴直播机蓄电池的硫酸指示表呈透明无色状态时，不要启动发动机或为蓄电池充电，否则不仅会加速蓄电池内部零件的老化、缩短蓄电池的使用寿命，还会产生火花、引起爆炸。

检查蓄电池时要戴好防护眼镜及橡胶手套。蓄电池的排气口不应被杂物堵塞，防止蓄电池因内压升高而破裂。蓄电池中的电解液是稀硫酸，若进入眼睛应立即用清水冲洗并到医院就诊，若沾在皮肤、衣服上应先用布擦去再用清水冲洗。

三、长期入库保管的知识

1. 保管原则

（1）清洁原则。清除随机工具表面的灰尘、草屑、泥土等黏附物，油污等沉积物，秸秆等缠绕物；清除锈迹并涂防锈漆。

（2）松弛原则。水稻穴直播机的传动带、链条、液压油缸等受力部件要全部保持松弛状态。

（3）润滑、密封原则。各转动部位、移动部位都应加油润滑，能密封的部件尽量涂油或包扎密封保存。

（4）安全原则。做好防冻、防火、防水、防盗、防腐蚀、防风吹雨打、防日晒等措施。

2. 保管制度

（1）每个作业季结束后，都应对水稻穴直播机进行维护、检修、涂油，保持其状态完好，临近冬季应放净冷却液。

（2）入库前必须将水稻穴直播机清理干净，做到机身上无泥、无杂物等。

（3）水稻穴直播机入库保管后必须统一停放、整齐排列，不影响其他机具运行。

3. 保管要求

水稻穴直播机使用时间短，保管时间长，各部件稍有变形或锈蚀便可能发生故障而不能正常作业，因此，保管时必须格外谨慎。

（1）注意停放场地与环境。水稻穴直播机最好停放在库棚内，如果停放在露天场地，则必须盖上篷布，防止受到风吹、雨打、日晒，避免机件老化或锈蚀。

（2）注意防腐蚀。水稻穴直播机不能与农药、化肥、酸碱类化学品等有腐蚀性的物品存放在一起，轮胎不能沾染油污也不能受潮。

（3）注意防变形。为了防止水稻穴直播机变形，要将其停放在地势较高的平地上，且保证各接地点受力均匀，绝对不能倾斜着停放。水稻穴直播机不能受到任何物体的挤压，更不能在水稻穴直播机上堆放、捆绑其他物品，避免其变形。

（4）注意附带塑料制品的保管。尽量不要将塑料制品放在会被阳光直射的地方，因为紫外线会加速塑料制品的老化；不要将塑料制品放在急热和急冷的环境中，防止其因热胀冷缩而缩短使用寿命；也不要将塑料制品放在潮湿、空气不流通的地方。对于很久没有用过的塑料制品，要检查其表面有没有裂痕。

（5）注意附带橡胶制品的保管。橡胶有一定的使用寿命，时间久了就会老化。在保管橡胶制品时，除了应将其放置在阳光照射不到的阴凉干燥处，还要远离强酸性和强碱性物质。在不使用橡胶制品的时候，可在其表面涂抹一些滑石粉，以延长其使用寿命。

学习单元 2

维护保养基础知识、常用燃油知识

一、日常保养

1. 机身清洗

作业结束后，应清除水稻穴直播机各个部位上的泥土或污物，用水清洗机身，清除缠绕在转动部位上的杂草等，然后把表面的水擦干。清洗时不要向各种传感器等电气部件喷水，同时要尽量防止水溅在电气部件上，避免发生电气故障。

2. 定期检查、保养

在农闲季节应对水稻穴直播机进行定期检查、保养，以将其维持在最佳状态，这样在农忙季节就可以充分发挥其作用，确保作业安全、高效。另外，每年应将水稻穴直播机送至检修工厂接受检查与检修，以确保能安全使用。

水稻穴直播机定期检查、保养一览表见表 3–1，其中，○代表检查，□代表扫除，◎代表注油，▲代表更换。水稻穴直播机加（换）油、加（换）液、上润滑油一览表见表 3–2。

表 3-1　　水稻穴直播机定期检查、保养一览表

序号	位置		检查、保养内容和周期															
			作业前	作业后	工作时间												检查、扫除、注油	更换
					50 h	100 h	150 h	200 h	250 h	300 h	350 h	400 h	450 h	500 h	1 年	2 年		
1	发动机	机油	○		▲		▲		▲		▲		▲				作业前检查一次	首次 50 h 更换、首次后每 100 h 更换一次
2		机油滤芯			▲		▲		▲		▲		▲					首次 50 h 更换、首次后每 100 h 更换一次
3		燃油滤清器			▲	▲	▲	▲	▲	▲	▲	▲	▲	▲				每 50 h 更换滤芯
4		沉淀杯					○	▲		○		▲	○				每 30 h 检查一次	每 200 h 更换一次滤芯
5		空气滤清器				□		□		□		□ ▲		□			每 100 h 扫除一次	每 400 h 更换一次滤芯
6		冷却液	○												▲	▲	作业前检查一次	每年更换一次
7		冷却风扇传动带			○	○	○	○	○	○	○	○	○	○			每 50 h 检查一次	损坏时更换
8		燃油管	○														作业前检查一次	损坏时更换
9		排气管													○ □	○ □	每年检查、扫除各一次	损坏时更换
10		发动机防震橡胶垫												○			每 500 h 检查一次	每 1 000 h 更换一次

续表

序号	位置		检查、保养内容和周期															
			作业前	作业后	工作时间												检查、扫除、注油	更换
					50 h	100 h	150 h	200 h	250 h	300 h	350 h	400 h	450 h	500 h	1 年	2 年		
11	行走部	变速箱油	○		▲						▲				○	○	作业前检查一次	首次 50 h 更换、首次后每 300 h 更换一次
12		变速箱滤芯			▲						▲							首次 50 h 更换、首次后每 300 h 更换一次
13		后转向箱油	○			▲						▲					作业前检查一次	首次 100 h 更换、首次后每 300 h 更换一次
14		发动机传动带				○		○		○		○		○ ▲			初次运转后检查一次，其后每 100 h 检查一次	每 500 h 更换一次
15		张紧臂、张紧滚轮				○ ◎		○ ◎		○ ◎		○ ◎		○ ◎			每 100 h 检查、注油各一次	每 1 000 h 更换一次
16		前轮车轴				○ ◎		○ ◎		○ ◎ ▲		○ ◎		○ ◎			每 100 h 检查、注油各一次	每 300 h 更换一次油封
		后轮车轴				○ ◎		○ ◎		○ ◎ ▲		○ ◎		○ ◎			每 100 h 检查、注油各一次	每 300 h 更换一次油封
17		前后轮胎	○	○													作业前后各检查一次	损坏、磨损时更换

续表

序号	位置		检查、保养内容和周期															
			作业前	作业后	工作时间												检查、扫除、注油	更换
					50 h	100 h	150 h	200 h	250 h	300 h	350 h	400 h	450 h	500 h	1 年	2 年		
18	其他	蓄电池				○		○		○		○		○			每 100 h 检查一次	按需更换
19		各电气配线												○	○	○	每 500 h 或每年检查一次	异常时更换（如表皮出现剥离等现象）
20		各液压油管						○				○			○	○ ▲	每 200 h 或每年检查一次	每 1 000 h 或每两年更换一次
21		液压装置（检查漏油）													○	○	每年检查一次	异常时更换
22		各类钢丝			○ ◎	○ ◎	○ ◎	○ ◎ ▲	○ ◎	○ ◎	○ ◎	○ ◎ ▲	○ ◎	○ ◎			每 50 h 检查、注油各一次	每 200 h 更换一次
23		各手柄的旋转及滑动部位				○ ◎		○ ◎		○ ◎		○ ◎		○ ◎			每 100 h 检查、注油各一次	损坏时更换
24		驱动轴、密封类壳体												▲	○ ◎	○ ◎	每年检查、注油各一次	每 500 h 更换一次
25		保险丝				○		○		○		○		○			每 100 h 检查一次	破损时更换
26		灯泡、喇叭、各类开关				○		○		○		○		○			每 100 h 检查一次	损坏时更换
27		开沟器	○	○													作业前后各检查一次	损坏、磨损时更换

注：现在一般称保险丝为熔丝，本书为了与相关产品说法保持一致，仍用保险丝。

表 3-2　　水稻穴直播机加（换）油、加（换）液、上润滑油一览表

加（换）油、加（换）液、上润滑油位置	容量	种类	周期
燃油箱	37 L	柴油	视油量情况加油
发动机曲轴箱	2.5 L	机油 CD10W-30 级以上	首次 50 h 换油、首次后每 100 h 换油一次
散热器	3 L	防冻液	每年换液一次
副水箱	0.4 L	防冻液和纯净水	每年换液一次
变速箱	12.5 L	变速箱油 TF500	首次 50 h 换油、首次后每 300 h 换油一次
后桥箱	7 L	变速箱油 TF500	首次 50 h 换油、首次后每 300 h 换油一次
前齿轮壳体（左、右）	0.025 L	黄油	每 50 h 上黄油一次
后齿轮壳体（左、右）	0.05 L	黄油	每 50 h 上黄油一次
传动箱	1.2 L	变速箱油 TF500	每 300 h 换油一次

3. 常用部件的检查、保养和更换

（1）燃油管的检查方法。每次作业前必须检查有无因燃油管老化和损伤引起的漏油情况。如果发现有漏油情况，应及时修理，否则容易引起火灾。燃油管的检查方法具体如下。

1）卸下发动机前罩壳以及前盖板、左盖板、右盖板。

2）检查燃油管是否老化、有无损伤，连接卡箍是否松动，有无漏油情况。如果燃油管老化或有损伤，应联系特约店修理。

3）将发动机前罩壳以及前盖板、左盖板、右盖板按原样装好。

（2）发动机电线的检查方法。发动机电线上黏附的秸秆屑等杂物要在作业前清除干净，否则会引起火灾。发动机电线的检查方法具体如下。

1）卸下发动机前罩壳以及前盖板、左盖板、右盖板。

2）检查发动机电线是否与其他零部件接触，绝缘层是否剥离，连接部位是否松动。如果发动机电线有损伤，应联系特约店修理。

3）将发动机前罩壳以及前盖板、左盖板、右盖板按原样装好。

（3）空气滤清器（见图 3-1）的清洁方法。如果发动机空气滤清器中的空气滤芯脏了却仍在使用，则会导致发动机输出功率降低，甚至出现故障。空气滤清器的清洁方法具体如下。

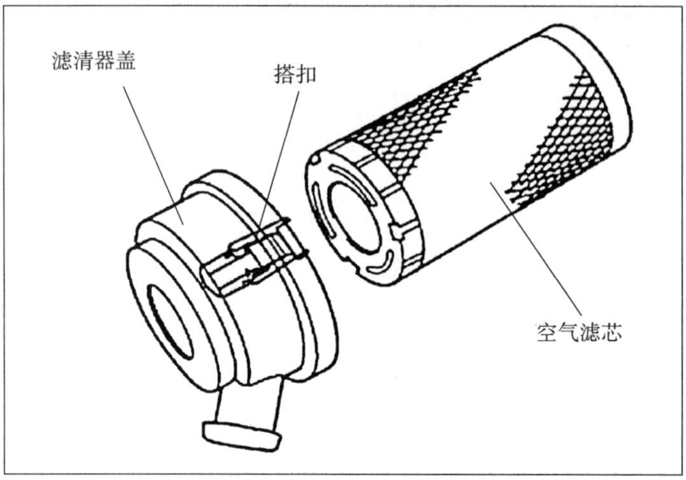

图 3-1 空气滤清器

1）卸下发动机前罩壳。

2）松开固定空气滤清器的搭扣。

3）拆下空气滤清器上部的蝶形螺钉，取出内部的空气滤芯。

4）空气滤芯是由外圈海绵与内侧滤纸组成的，应拆下海绵和滤纸分别清洁。一般用煤油或汽油清洗海绵，洗干净后挤干、晾干。清洁滤纸时应将其轻轻地拿出，抖落附在上面的灰尘，或从内侧吹入压缩空气将灰尘吹出。注意，不要用力敲击滤纸，因为它极易破损。

5）将空气滤芯各部件按原样安装在空气滤清器上。

6）将空气滤清器上的箭头对准发动机上部的箭头装好，再用搭扣固定好。

7）按原样安装好发动机前罩壳。

（4）燃油滤清器的清洁方法。燃油滤清器用于除去燃油内的水和杂物，其清洁方法具体如下。

1）卸下发动机前罩壳。

2）将燃油开关手柄置于“关”位置。

3）旋转螺母，卸下燃油滤清器，除去滤芯内的水和杂物。

4）将燃油滤清器清洁干净后按原样装好，将燃油开关置于“开”位置，再将钥匙开关置于“开”位置 5～10 s，将空气排出。

5）将发动机前罩壳按原样装好。

（5）沉淀杯（见图 3-2）的清洁方法

1）将沉淀杯开关置于“关”位置。

2）卸下沉淀杯，清除滤芯内的水和杂物。

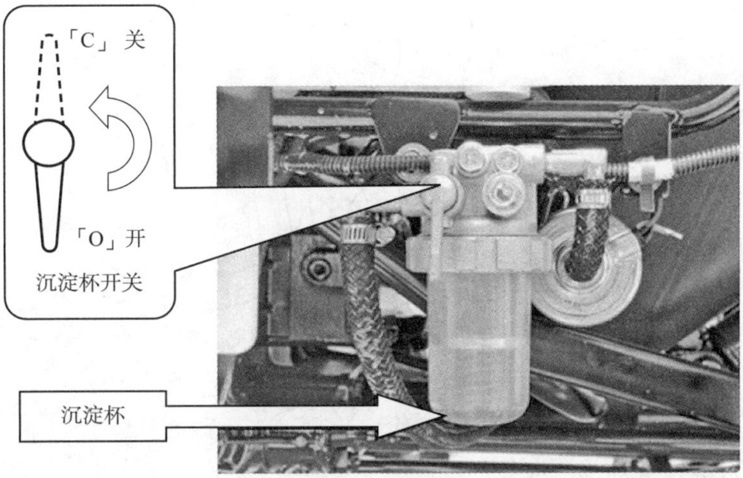

图 3-2　沉淀杯

3）将沉淀杯清洁干净后按原样装好，将沉淀杯开关置于“开”位置，再将钥匙开关置于“开”位置 5 ~ 10 s，将空气排出。

（6）变速箱滤芯（见图 3-3）的更换方法。因无法对变速箱滤芯进行清洁，故更换变速箱油时应同时更换变速箱滤芯。变速箱滤芯的更换方法具体如下。

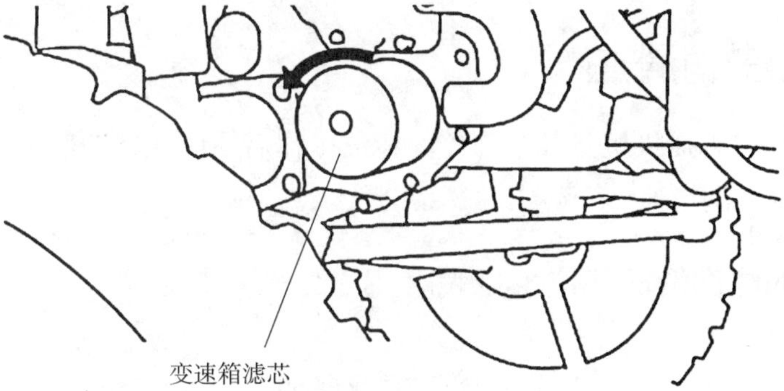

图 3-3　变速箱滤芯

1）放出变速箱油。

2）转动、取下变速箱滤芯。

3）将少量变速箱油涂在新滤芯端面的橡胶圈上。

4）先将变速箱滤芯旋至橡胶圈接触安装面，再旋转 2/3 圈以确保旋紧。更换变速箱滤芯后应检查安装面有无漏油及渗油现象。注意，变速箱滤芯要选用正规厂家生产的合格产品。

（7）机油滤芯（见图 3-4）的更换方法。机油滤芯为滤筒型产品，无法对其进行清洁，故在更换机油时应同时更换机油滤芯。机油滤芯的更换方法具体如下。

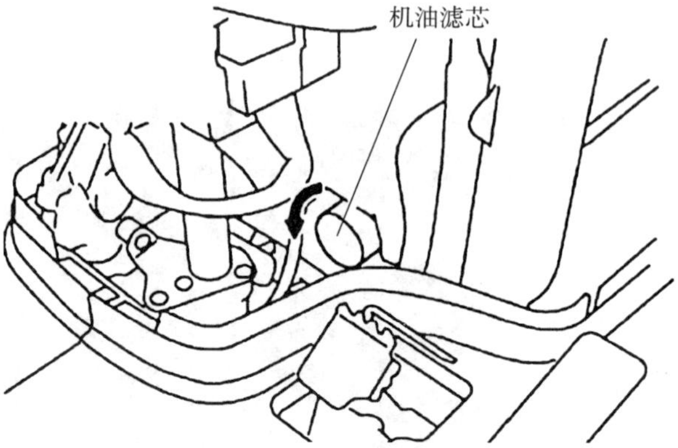

图 3–4　机油滤芯

1）卸下发动机前罩壳。

2）排出机油。

3）向图 3–4 所示的箭头方向旋下机油滤芯。

4）将少量机油涂在新滤芯端面的橡胶圈上。

5）先将机油滤芯旋至橡胶圈接触安装面，再旋转 2/3 圈以确保旋紧。

6）将发动机前罩壳按原样装好。

二、加注润滑油

在完成水稻穴直播机机身各个部位的清洁工作后，应在转动部位、摩擦部位、易生锈部位等处加注润滑油。

1. 部分加注润滑油部位（见表 3–3）

表 3–3　部分加注润滑油部位

序号	加注润滑油部位	图示
1	升降油缸安装点的转动部位	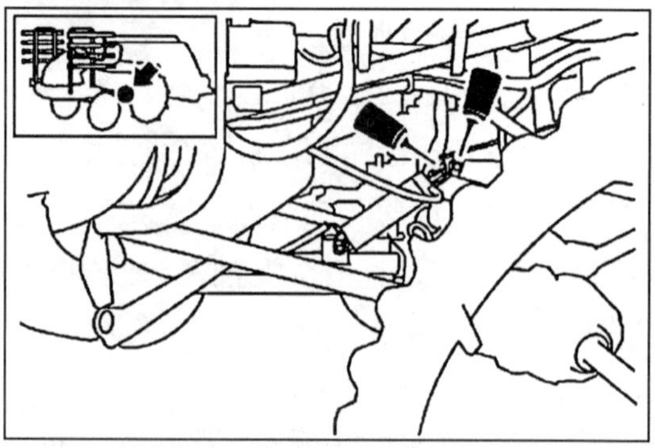

续表

序号	加注润滑油部位	图示
2	转向离合器操作杆（前）	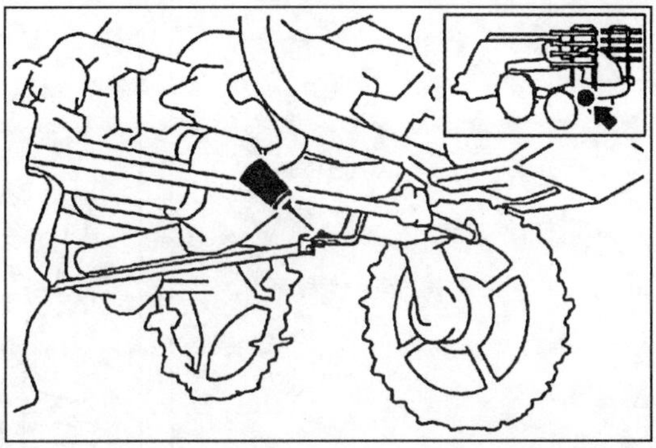
3	转向离合器操作杆（后）	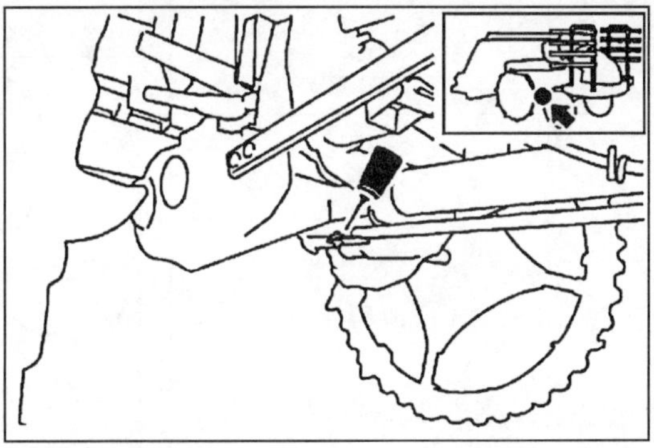
4	后桥箱输出轴	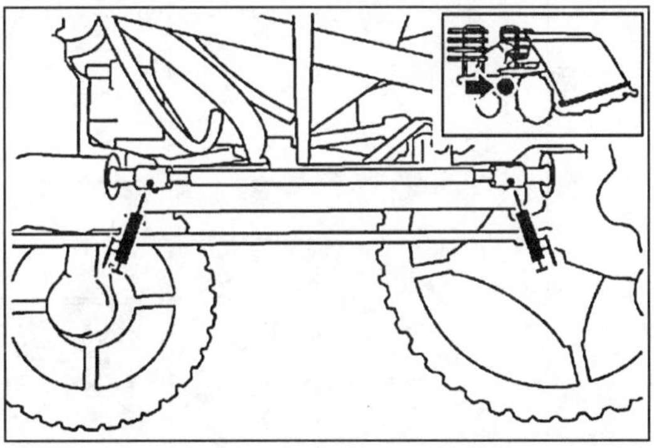
5	差速锁止踏板支点部位	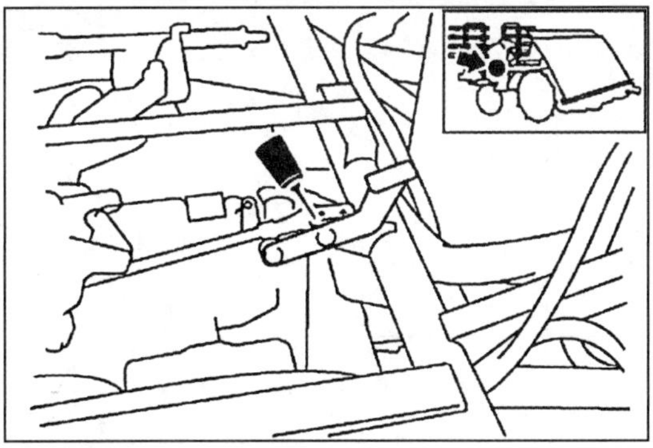

续表

序号	加注润滑油部位	图示
6	主变速手柄转动部位	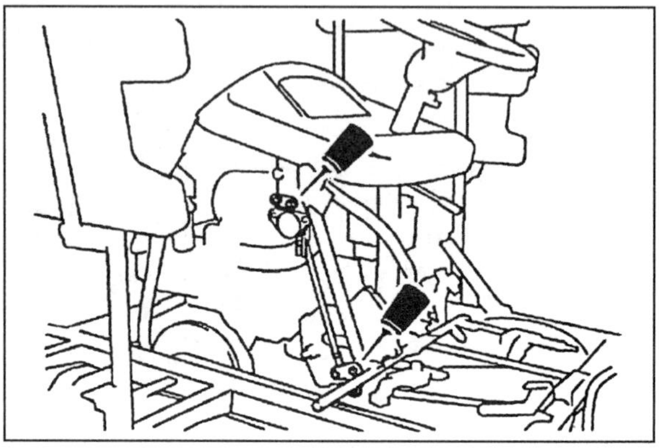
7	变速踏板转动部位	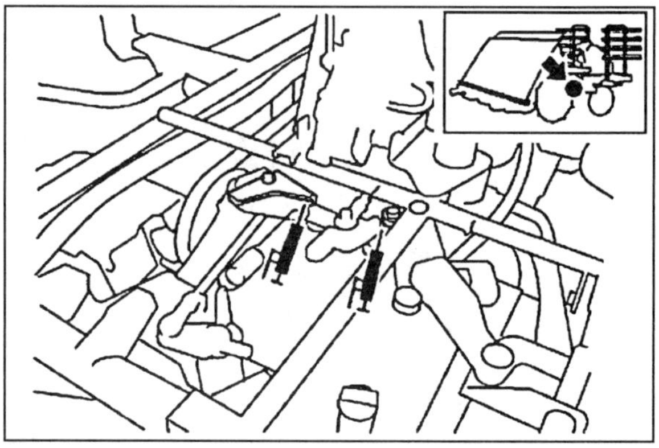
8	各连接杆支点	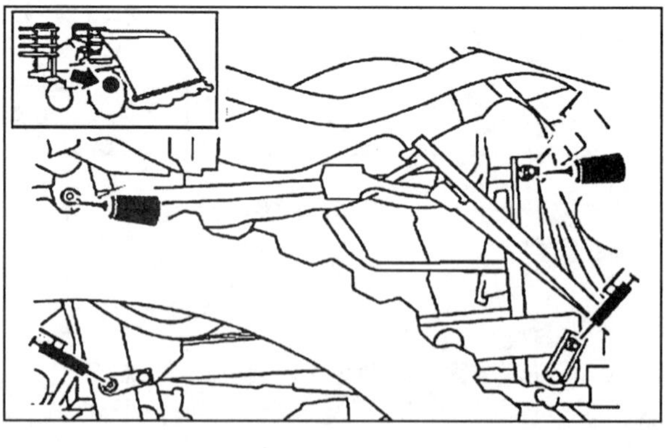

续表

序号	加注润滑油部位	图示
9	排种器链条及张紧轮转动部位	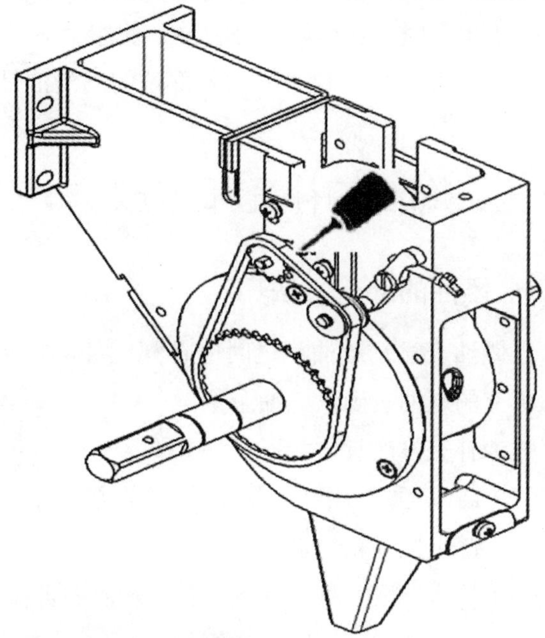
10	减速箱齿轮	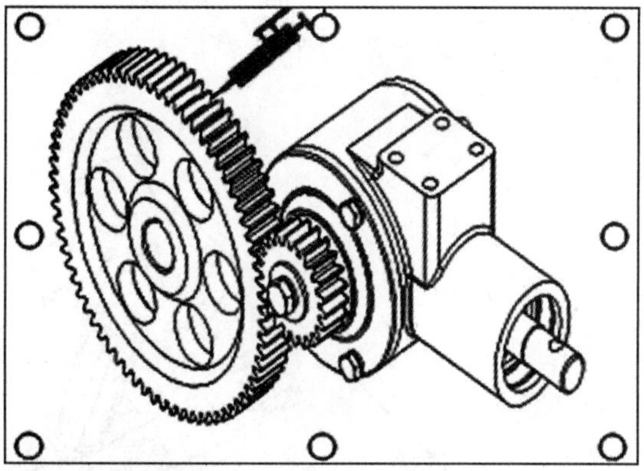
11	播种部传动轴的万向联轴器和花键轴	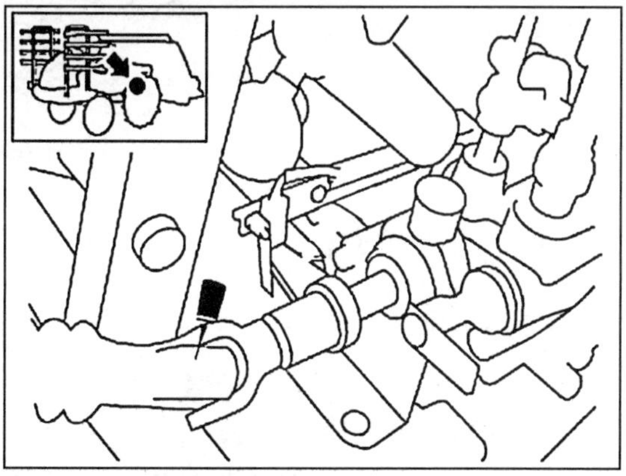

2. 加注润滑油注意事项

（1）应用纯正、干净的润滑油进行加注。

（2）出厂时，各部位都已上油，使用前应检查润滑是否到位。

（3）应每隔 50 h 检查一次各部位的润滑油是否充足，若不足应加注。

三、燃油的补充和排放

1. 燃油的补充方法

当燃油表显示燃油不足时应补充燃油。将钥匙开关置于“开”位置，即可根据液晶面板上的燃油表确认燃油余量。

燃油补充方法具体如下。

（1）将水稻穴直播机驾驶座倒向前方。

（2）卸下燃油箱的盖。

（3）检查滤网（见图 3–5）上有无杂物堵塞网孔，若有杂物应及时清除。

（4）补充燃油，盖紧燃油箱的盖。

（5）按原样放好驾驶座。

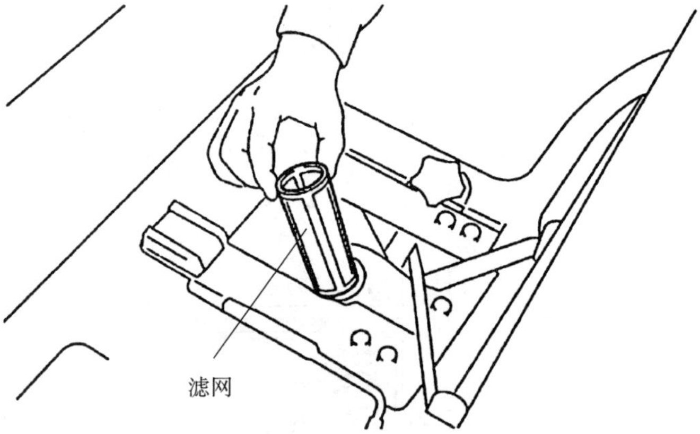

图 3–5　燃油箱的滤网

2. 燃油的排放方法

在水稻穴直播机长期入库前，应排净燃油箱和化油器内的剩余燃油，并清除其中的积垢。

（1）燃油箱燃油的排放方法

1）将存放废油的容器置于燃油开关的下方。

2）将燃油开关置于“开”位置，燃油便从排出口流出，如图 3–6 所示。

3）待燃油排尽，排出口不再有燃油流出时，将燃油开关置于“关”位置。

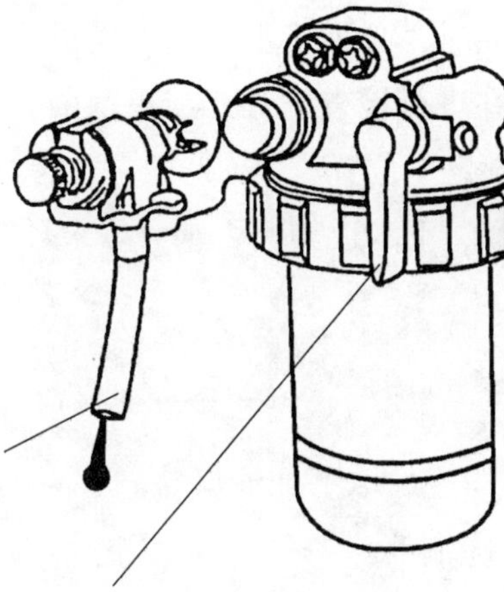

图 3–6　燃油排放示意图

（2）化油器燃油的排放方法

1）拆下发动机前、后罩壳。

2）将存放废油的容器置于化油器下部的软管（见图 3–7）下方。

3）拉出排出手柄（见图 3–7），燃油便从软管中流出，当软管中不再流出燃油时，复位排出手柄。

4）按原样安装好发动机前、后罩壳。

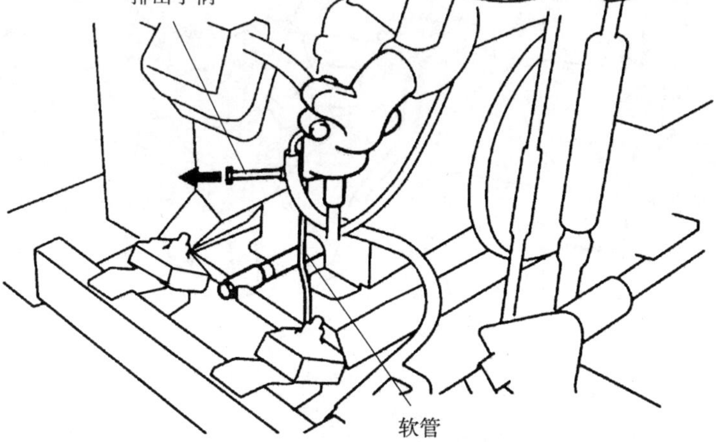

图 3–7　化油器的排出手柄和软管

四、机油的检查、补充与更换

检查、补充与更换机油时，必须将水稻穴直播机移至平坦的场地，因为机器倾斜是无法显示正确油量的。在进行检查、补充与更换前，要将播种部放下，将发动机熄火，并将驻车手柄置于“锁定”位置。

废油千万不要倒入河道、下水道等，否则会污染环境。处理废油应与特约店联系。

1. 发动机机油

（1）检查方法

1）拆下发动机前、后罩壳，取下加油口盖。

2）拔出检油尺并擦干净端部。

3）将检油尺插入加油口，再拔出，查看油面是否位于检油尺的上、下限刻线之间（若油面位于检油尺的上、下限刻线之间，则油量符合规定）。注意，在将检油尺插入加油口时，应插至底部，再旋转至卡住为止。另外，在检查油量的同时应检查有无漏油情况。

4）若油量不足，应按下述“补充方法”进行补油。

5）按原样安装好加油口盖以及发动机前、后罩壳。

（2）补充方法

1）将漏斗与软管连接后插入加油口，如图 3–8 所示。

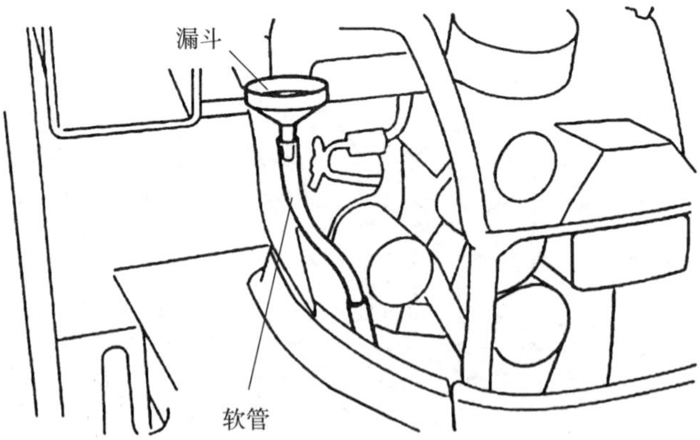

图 3–8 补充发动机机油

2）从漏斗加入机油，加至规定量（即油面在检油尺的上、下限刻线之间）即可。

（3）更换方法

1）拆下发动机前、后罩壳。

2）将存放废油的容器置于发动机左侧下部的放油螺栓下方。

3）取下加油口盖与放油螺栓放油。

4）放完废油后，按原样安装好放油螺栓。

5）按前述“补充方法”加入机油。

6）按原样安装好加油口盖以及发动机前、后罩壳。

2. 变速箱油

在更换水稻穴直播机变速箱油时，应同时更换滤芯。

（1）检查方法

1）将播种部升至最高位置，将播种部升降开关置于“下降停止”位置。

2）掀起底板衬垫。

3）取下变速箱加油口盖，拔出检油尺并擦干净端部。

4）将检油尺插入加油口，再拔出，检查油面是否位于检油尺的上、下限刻线之间（若油面位于检油尺的上、下限刻线之间，则油量符合规定）。在检查油量的同时应检查有无漏油情况。

5）若油量不足，应按下述“补充方法”进行补油。

6）按原样装好加油口盖。

（2）补充方法。通过漏斗加入规定量的变速箱油，油面应位于检油尺的上、下限刻线之间。

（3）更换方法

1）将播种部降至最低位置。

2）将存放废油的容器置于变速箱下部的放油螺栓下方。

3）取下加油口盖与放油螺栓，废油即流出。

4）放完废油后，按原样安装好放油螺栓。

5）按前述“补充方法”加入变速箱油。

6）按原样安装好加油口盖。

3. 后驱动箱油

（1）检查方法

1）将播种部升至最高位置，将播种部升降开关置于“下降停止”位置。

2）取下后驱动箱加油口盖，拔出检油尺并擦干净端部。

3）将检油尺旋入加油口，再拔出，检查油面是否位于检油尺的上、下限刻线之间（若油面位于检油尺的上、下限刻线之间，则油量符合规定），如图 3–9 所示。在检查油量的同时应检查有无漏油情况。

4）若油量不足，应按下述“补充方法”进行补油。

5）按原样安装好加油口盖。

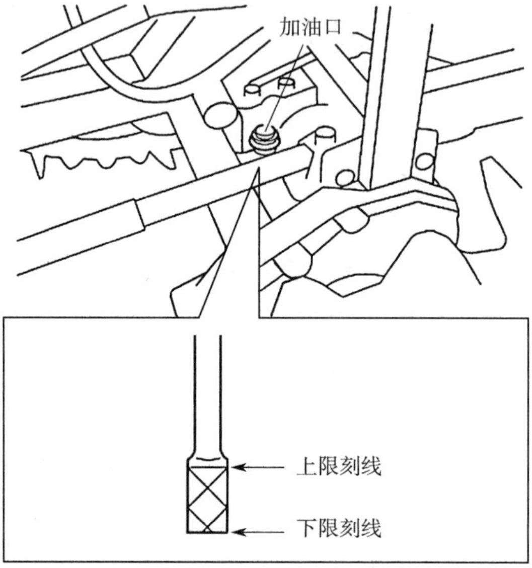

图 3-9　检油尺的上、下限刻线

（2）补充方法。通过漏斗加入规定量的后驱动箱油，油面应位于检油尺的上、下限刻线之间。

（3）更换方法

1）将存放废油的容器置于后驱动箱放油螺栓（左、右各一处，见图 3-10）的下方。

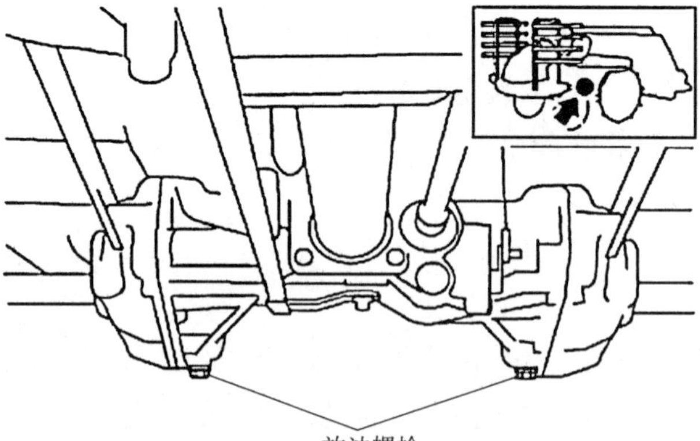

图 3-10　后驱动箱放油螺栓

2）取下加油口盖和放油螺栓，废油即流出。

3）放完废油后，按原样安装好放油螺栓。

4）按前述“补充方法”补充后驱动箱油。

5）按原样安装好加油口盖。

五、冷却液的检查、补充与更换

注意，在对冷却液进行检查、补充与更换时，不要在发动机运转时或刚刚熄火后打开散热器盖，因为此时发动机尚未充分冷却，打开散热器盖可能有开水溅出而造成工作人员烫伤，故应先确认发动机熄火且充分冷却后再打开散热器盖。冷却液的检查、补充与更换是在卸下发动机前罩壳后进行的，操作结束后应将前罩壳复原。

1. 检查方法

检查副水箱（见图 3–11）的液位是否位于 FULL（满位）和 LOW（低位）之间，检查时应确认有无漏水情况。

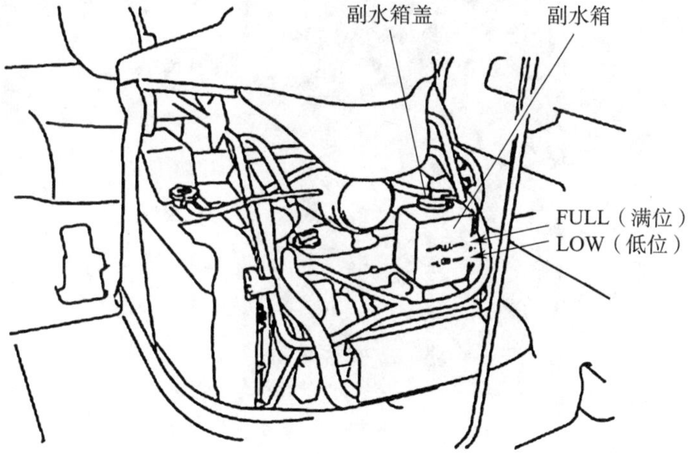

图 3–11 副水箱

2. 补充方法

当冷却液不足时，卸下副水箱盖，按比例补充防冻液和纯净水。

3. 更换方法

（1）卸下散热器盖（见图 3–12）。

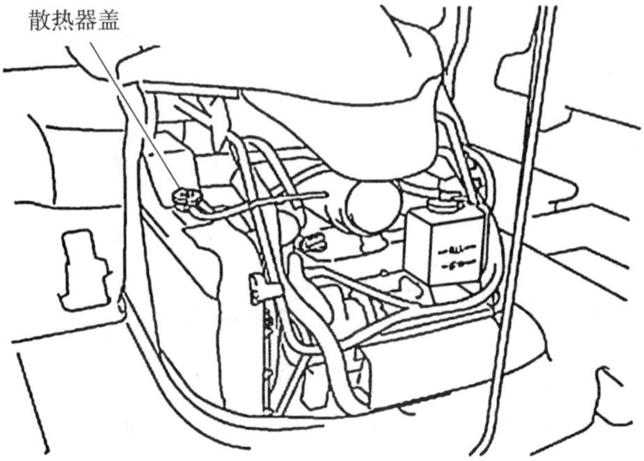

图 3-12　散热器盖

（2）将放水管从挂钩（共两处，见图 3-13）上拆下，将其口部朝下。

（3）从放水管上卸下放水开关（见图 3-13），将散热器中的水全部放出。

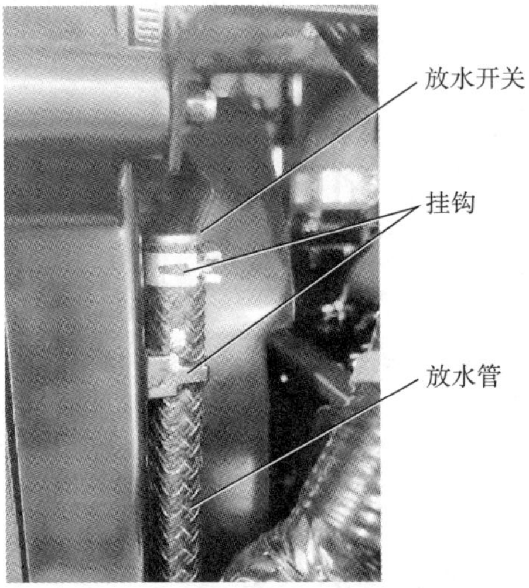

图 3-13　放水开关、放水管与挂钩

（4）用纯净水将散热器清洗至无含铁锈的水流出。为了清洗干净散热器内部，可在散热器中加入混有散热器清洗剂的水，空转发动机 15 min 以上后再将水放出。

（5）将放水开关安装到放水管上，然后将放水管按原样安装到挂钩上。

（6）加入规定量的防冻液后，加纯净水至液面位于 FULL 和 LOW 之间。

（7）安装好散热器盖。

（8）启动发动机，空转约 5 min，加快防冻液与纯净水的混合。

（9）关闭发动机，再次确认冷却液是否满足规定量要求。

4. 安全注意事项

（1）防冻液有降低水的凝固点的作用。在不同的外界温度条件下，防冻液与纯净水的混合百分比是不同的，所得到的凝固点也不同。适用于严寒地带的某防冻液产品的混合百分比见表 3–4。

表 3–4　　适用于严寒地带的某防冻液产品的混合百分比

外界温度 /℃		−5	−10	−15	−20	−25	−30
混合百分比	纯净水	82%	73%	66%	61%	55%	49%
	防冻液	18%	27%	34%	39%	45%	51%

注意，对于不同厂家生产的防冻液，其与纯净水的混合百分比是有所不同的，因此在使用时应按照使用说明书的要求进行混合。

（2）当冷却液自然减少时，应仅补充纯净水。

（3）防冻液的有效期为一年，应每年更换一次。

（4）旧冷却液不要直接排放到地面上或倾倒至下水道、河流、沼泽等处，应将其收集起来并委托特约店或废弃物处理专业机构进行处理。

六、蓄电池的检查、保养方法

1. 蓄电池的检查方法

水稻穴直播机使用的蓄电池（见图 3–14）无加液口（属于密闭型），因此直至使用寿命结束都不需要添加蒸馏水。检查蓄电池时，一般通过观察硫酸指示表的颜色来确认蓄电池的状态。观察时应将蓄电池置于水平状态，从正上方向下观察。

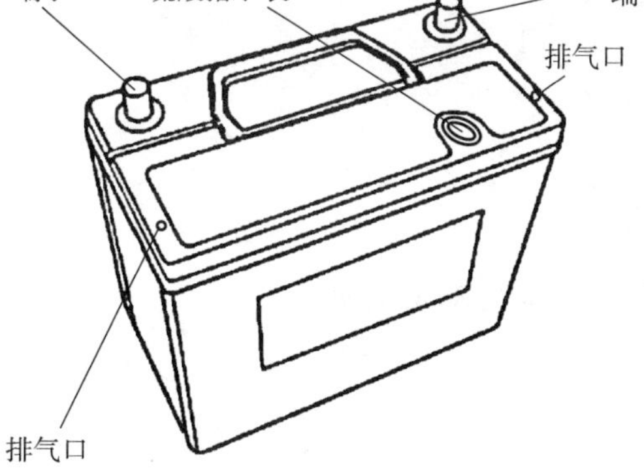

图 3–14　水稻穴直播机使用的蓄电池

蓄电池硫酸指示表颜色所对应的状态和处理方法见表 3–5。当硫酸指示表呈透明无色或绿色时，为保险起见，应轻轻地敲击蓄电池，确认无气泡影响后再次观察。当确认硫酸指示表呈透明无色时，就说明电解液已减少，可以认为蓄电池已到使用寿命，应更换蓄电池。

表 3–5　　蓄电池硫酸指示表颜色所对应的状态和处理方法

硫酸指示表颜色	状态	处理方法
绿色	正常	可以使用
黑色	放电中	需要充电
透明无色	电解液减少	已到使用寿命，无法启动发动机，需要更换蓄电池

2. 蓄电池的拆卸、安装方法

（1）蓄电池的拆卸方法

1）拆下固定上盖的橡胶扎带。

2）取下蓄电池端子上的橡胶罩。

3）先卸下蓄电池的“–”端子，再卸下蓄电池的“+”端子。

4）取出蓄电池。

（2）蓄电池的安装方法

1）将蓄电池安放在指定位置。

2）先装上蓄电池的“+”端子，再装上蓄电池的“–”端子，装好后给端子部位涂上黄油。

3）套好蓄电池端子上的橡胶罩。

4）安装固定上盖的橡胶扎带。

3. 蓄电池的充电方法

（1）需要充电的情况

1）硫酸指示表呈黑色时。

2）在寒冷地区使用时。

3）发动机难启动时。

4）因蓄电池自然放电不能启动发动机时。

5）前照灯变暗时。

（2）充电步骤

1）卸下蓄电池。

2）将蓄电池的“+”端子连接充电器的“+”端子，将蓄电池的“–”端子连接充电器的“–”端子。

3）用 3 A 直流电充电器充电 8 ~ 10 h，当硫酸指示表变成绿色时，即完成充电。

（3）注意事项

1）不要使用快速充电器进行充电。

2）将充电器与蓄电池相连时，要擦去端子上的黄油。

3）充电结束后，蓄电池端子上的橡胶罩必须套好。

4. 蓄电池的保养方法

当蓄电池端子被腐蚀，周围有白色粉末出现时，要用干净的抹布蘸温水将其擦干净，再涂上黄油。

5. 安全事项

在对蓄电池进行检查、保养时，操作人员应戴上防护眼镜和橡胶手套，不要让不了解相关操作方法和蓄电池危险性的人员进行操作。

（1）拆卸、安装蓄电池时，要遵守正确的操作顺序，否则可能因短路而引起火灾。

（2）蓄电池只能用于启动发动机，不得用于其他用途。

（3）在充电和更换蓄电池时，要先仔细阅读蓄电池上贴的标签，然后再按标签信息进行操作。

（4）要将蓄电池从水稻穴直播机上卸下后充电，不能直接在水稻穴直播机上给蓄电池充电，否则蓄电池会有破裂的危险。

（5）蓄电池的电解液为稀硫酸，进行各项操作时要注意安全。

（6）更换蓄电池时，必须遵守操作说明书的指示，并使用指定容量的新蓄电池。

（7）为了保护环境、进行资源再利用，不要将换下的旧蓄电池直接丢弃，可以交给商家回收。

（8）当发动机长期不运转时，蓄电池会自然放电，所以即使长期不使用水稻穴直播机，也要定期检查蓄电池状况，必要时进行充电。

七、保险丝的检查、更换方法

保险丝或总保险丝断开后，电气部件不能动作，蓄电池也不充电。因此，当发现保险丝或总保险丝断开后，应及时更换，如果刚刚更换却马上又断开，则说明有短路处，应联系特约店修理。保险丝盒和总保险丝盒一般位于机器正前部，如图 3–15 所示。

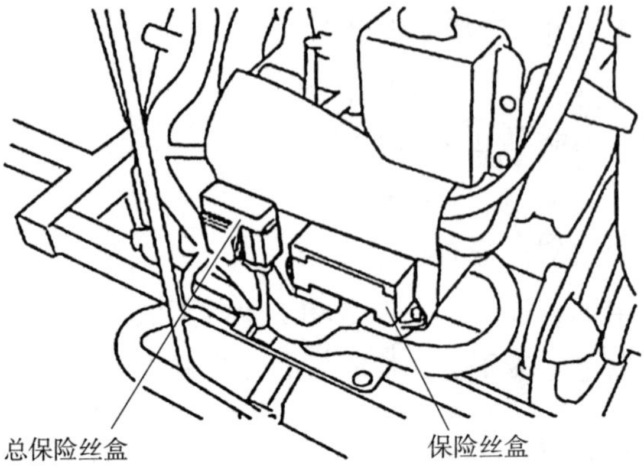

图 3-15　保险丝盒和总保险丝盒

1. 保险丝

保险丝盒盖上的信息如图 3-16 所示，显示了各保险丝的规格、名称及对应位置。

备用保险丝：20A、10A、5A

5A	20A	20A		
平衡装置 UFO 操作开关	划线杆马达	划线杆马达		
5A	5A	5A	10A	20A
开关	平常电源	计量表	安全装置	速度传感器

请不要使用指定容量以外的保险丝

图 3-16　保险丝盒盖上的信息（马达即电动机）

保险丝的更换方法具体如下。

（1）卸下发动机前罩壳。

（2）打开保险丝盒盖。

（3）卸下保险丝夹，将保险丝从上部夹住后拔出，如图 3-17 所示。

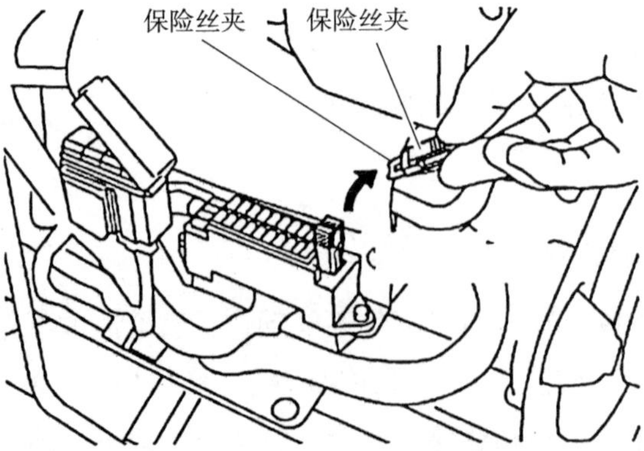

图 3-17　保险丝更换示意图

（4）换上与断开的保险丝规格相同的备用保险丝。

（5）更换保险丝后，将保险丝夹装回原位置。

（6）关闭保险丝盒盖，安装发动机前罩壳。

2. 总保险丝

总保险丝是保护机器电气回路的大容量保险丝。总保险丝盒位于机器正前部，其盒盖上显示的各总保险丝规格、名称及对应位置如图 3–18 所示。※ 表示该保险丝为螺栓固定型，更换时必须先将蓄电池“–”端子的线缆从端子上拆除。注意，请勿使用指定容量以外的总保险丝。

※ 80A	※ 60A	40A	40A
交流发电机	旋肥机 鼓风机	钥匙开关	辉光继电器

图 3–18　总保险丝盒盖上的信息

下面以 80 A 总保险丝为例，介绍其更换方法。

（1）卸下蓄电池“–”端子的线缆。

（2）卸下固定总保险丝盒的两根螺栓，如图 3–19 所示。

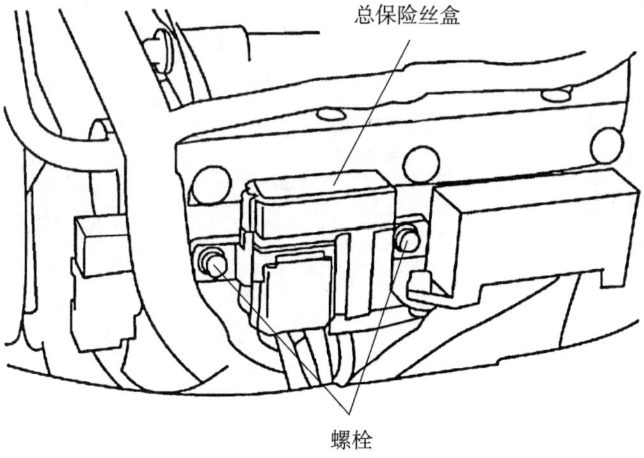

图 3–19　总保险丝盒及其固定螺栓

（3）打开总保险丝盒两侧的盖板，然后卸下固定总保险丝的螺栓，如图 3–20 所示。

（4）更换新总保险丝后，按照原样安装好各部件。

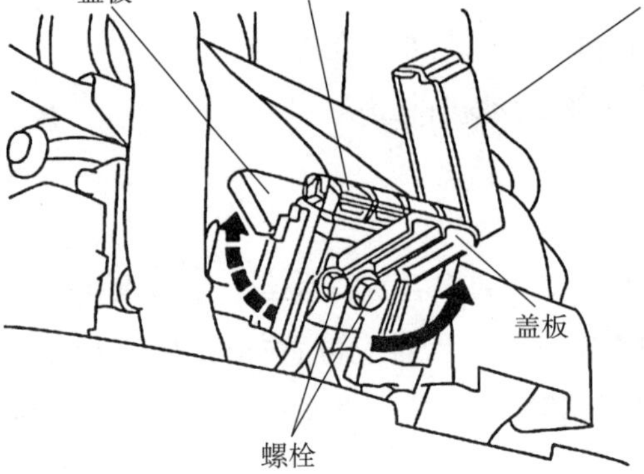

图 3-20　拆卸总保险丝

学习单元 3

播种系统常见故障的诊断与排除

诊断、排除播种系统故障时的安全注意事项具体如下。

一是将播种部升降开关置于“下降停止”位置，或用停车支架支撑播种部，将播种部锁定，防止播种部突然下降而引发人身伤害事故。

二是应在平坦的硬地上进行故障的诊断与排除，因为在倾斜路面、凹凸路面或软地上进行操作时，水稻穴直播机容易突然移动而引发人身伤害事故。

三是应在发动机熄火、切断动力传动后进行故障的诊断与排除，因为如果不切断动力就进行故障的诊断与排除，人的身体部位可能会被卷入水稻穴直播机而引发事故。

四是对于在诊断与排除故障过程中拆下的部件，在完工后应按原样装好，否则可能在作业中发生事故。

一、排种口全部不排种故障的诊断与排除

1. 故障诊断

排种器的转动轴不能转动。

2. 排除方法

（1）检查播种升降手柄是否置于“播种（合）”位置，如不在应调至“播种（合）”

位置。

（2）检查穴距调节手柄是否调整到位，主、副穴距调节手柄应对准需要的挡位。

（3）检查各排种器转动轴是否与相邻的排种器转动轴良好结合，如已脱开，应重新结合、固定。

二、个别或少数排种口不排种故障的诊断与排除

1. 故障诊断

（1）个别或少数排种器的排种口、进种口被异物堵塞。

（2）个别或少数排种器的护种胶带卡死。

（3）个别或少数排种器的转动轴不能转动。

2. 排除方法

（1）检查对应的排种口、进种口是否被泥浆等异物堵塞，如有异物，应清理干净。

（2）检查对应的护种胶带是否卡死，如已卡死，应更换护种胶带。

（3）检查对应的转动轴是否与相邻的排种器转动轴良好结合，如已脱开，应重新结合、固定。

三、播种量整体过少故障的诊断与排除

1. 故障诊断

（1）多数排种器窝眼没有调整到位。

（2）多数排种器排种不畅。

2. 排除方法

（1）检查并重新调整排种器窝眼。

（2）检查稻种是否符合播种要求。如果稻种过于潮湿应先晾干；如果稻种中杂质过多，应先用 4 目筛（孔径 4.75 mm）将稻种过筛；如果稻种的芽过长，应改成人工撒播。

（3）检查排种器进种口是否被异物堵塞，如有异物，应清理干净。

四、个别或少数播行、播种量过少故障的诊断与排除

1. 故障诊断

（1）对应的排种器窝眼没有调整到位。

（2）对应的排种器排种不畅。

2. 排除方法

参考播种量整体过少故障的排除方法。

五、漏播故障的诊断与排除

1. 故障诊断

（1）播种箱缺稻种。

（2）排种器的转动轴不能转动。

2. 排除方法

（1）检查播种箱内的稻种存量，如果缺稻种应添加稻种。

（2）检查排种器的转动轴是否能转动，如果不能转动，调整方法同前。

六、壅泥故障的诊断与排除

1. 故障诊断

（1）田块表层土太稀、太软。

（2）开出的沟深度太大。

（3）浮板装置不起作用。

（4）左右挡泥侧板没有调整到位。

2. 排除方法

（1）及时排水，根据田块表面情况播种。

（2）调整油压感度调节手柄的挡位。

（3）调整连接浮板的钢丝的张紧度。

（4）调整左右挡泥侧板，使其插入地面并略微上翘。

七、护种胶带卡死故障的诊断与排除

1. 故障诊断

（1）护种胶带被稻种卡死。

（2）毛刷轮与排种轮圆弧面的间隙不符合要求。

（3）护种胶带老化。

2. 排除方法

（1）清理干净护种胶带内的稻种。

（2）检查、调整毛刷轮与排种轮圆弧面的间隙。拔下排种器转动轴上的插销，横向移动排种器连接套，使相邻的排种器转动轴彼此脱开；用手转动排种器的转动轴，即可转动排种器，判断毛刷轮与排种轮圆弧面的间隙是否符合要求；若不符合要求，可使用随机配备的专用调节扳手调整毛刷轮与排种轮圆弧面的间隙（不大于1 mm），调整到位后将插销复位锁定。如果该间隙过大而无法调整，则需要更换护种胶带。

（3）更换老化的护种胶带。

学习单元 4

发动机常见故障的诊断与排除

一、火花塞不打火或火花弱的故障诊断与排除

1. 主要原因

火花塞电极被严重烧蚀、过热、积炭和积油严重等。

2. 故障诊断

（1）当火花塞电极在较短的时间内被严重烧蚀时，应检查火花塞的热值是否符合要求。

（2）当火花塞过热时，其电极会出现轻微的烧蚀现象（周围呈白色），将导致发动机工作不稳定和输出功率下降。

（3）当火花塞积炭、积油时，其电极在较短的工作时间内会出现较多的黑色或灰黑色堆积物，严重时甚至能将火花塞两电极连接而导致短路，使发动机无法工作。

3. 故障排除

（1）若火花塞的热值偏低，则必须更换热值较高的火花塞。

（2）若火花塞过热是由于点火提前角偏早、可燃混合气体过稀及火花塞本身热值偏低造成的，则应选用高速化油器及热值较高的火花塞。

（3）若火花塞积炭、积油，可用汽油、煤油或丙酮浸泡，待积炭软化、积油溶解后，用非金属刷刷净电极上、瓷芯与壳体空腔内的积炭，并用压缩空气吹干。注意，切不可用刀刮、用砂纸打磨或蘸汽油烧，以防损坏电极和瓷芯。火花塞积炭严重时应调整化油器，改用热值稍低的火花塞，并适当地增大两电极的间隙。

二、发动机油路不畅的故障诊断与排除

1. 主要原因

油管老化、破裂或油路接头松动，油路中有水或空气，燃油滤清器或通气孔堵塞。

2. 故障诊断

（1）因油管老化、破裂或油管接头松动而漏油。

（2）油路中有水。若燃油中混有水，发动机燃烧时会发出“啪啪”声，排气管会冒出白烟。

（3）油路中有空气，导致发动机难以启动或中途熄火。

（4）油路堵塞导致发动机启动困难，可用手油泵泵油，若不出油，则说明燃油太脏，燃油滤清器或通气孔堵塞。

3. 故障排除

（1）更换老化、破裂的油管，拧紧油管接头。

（2）排除油路中的水或更换质量合格的燃油。

（3）拧松放气螺钉，按下手油泵，排净油路中的空气。

（4）拆卸燃油滤清器，检查其滤芯是否堵塞，清洁燃油滤清器的滤芯。

（5）若燃油太脏，应放尽旧燃油，清洁燃油箱后加注干净、质量合格的新燃油。

（6）清洁通气孔。

三、排气管冒黑烟的故障诊断与排除

1. 主要原因

排气管冒黑烟主要是由于燃油在气缸内燃烧不完全引起的。其具体原因如下：空气滤清器太脏、供气量不足、供油量过大或喷油质量差、供油时间过晚。

2. 故障诊断

（1）首先拧下空气滤清器，取下滤芯，观察排气管排烟情况。如果黑烟消失，则表明空气滤清器太脏，燃油不能完全燃烧；如果黑烟没有消失，则表明问题不在空气滤清器上。

（2）检查气门间隙。气门间隙过大会造成供气量不足，使燃油燃烧不完全。

（3）用断缸法检查各汽缸的喷油情况，方法是逐一断开各汽缸的高压油管，若排黑烟程度减轻，则表明对应汽缸供油量过大或喷油质量差。

（4）若发动机在“小油门”时有黑烟不断排出，且反复踩变速踏踏板时，排气管有“突突”声或“放炮声”，并有黑烟排出，则表明供油时间过晚，导致一部分燃油来不及充分燃烧就被排出。

（5）如果无论在什么状态下，排气管都冒黑烟，则是由于喷油泵供油量过大造成的。

3. 故障排除

（1）清洗空气滤清器。

（2）调整气门间隙。

（3）检查、调整喷油压力和喷油质量。

（4）检查、调整供油提前角。

（5）检查、调整喷油泵。

四、发动机气路故障引起启动困难的故障诊断与排除

1. 主要原因

空气滤清器损坏或堵塞造成进气不足、不干净，进气门密封不严，排气管堵塞。

2. 故障诊断

（1）空气滤清器堵塞会造成发动机进气不足，从而导致发动机启动困难、冒黑烟、易“开锅”、输出功率下降等。此时可把空气滤清器滤芯取下，让空气直接进入并启动发动机，如果发动机能顺利启动，则表明空气滤清器滤芯太脏。

（2）如果清洁空气滤清器后，发动机仍启动困难，同时发现空气滤清器进气管有烟排出（俗称倒气），则表明进气门密封不严。

（3）检查排气管是否堵塞，管口直径是否缩小。

3. 故障排除

（1）停车熄火，拆卸空气滤清器。清洗空气滤清器并清洁滤芯，如果滤芯损坏或超过说明书规定的使用时间则应更换滤芯，清洁或更换后应正确装配，保证密封效果良好。

（2）如果进气门密封不严，应拆下进气门进行检查，按需进行更换。

（3）清除堵塞排气管的杂物，恢复管口直径到原来的形状和尺寸。

操作技能

水稻穴直播机燃油、机油和冷却液余量检查

操作准备

1. 自走式水稻穴直播机及随机工具。

2. 不小于 80 m^2 的室外场地，地势平坦，光线充足，无外界干扰。

操作步骤

步骤 1 准备工作

（1）将水稻穴直播机停放在平坦的地面上。

（2）将播种部升至最高位置，将播种部升降开关置于“解除”位置。

（3）将发动机熄火。

（4）将驻车手柄置于“锁定”位置。

（5）拆除发动机前、后罩壳等附件。

步骤 2 燃油、机油和冷却液余量检查

（1）正确读取燃油余量

1）将钥匙开关置于“开”位置。

2）正确读取燃油表显示的燃油余量。

3）将钥匙开关置于“关”位置。

（2）正确读取发动机、变速箱、后驱动箱三处机油油位

1）拔出检油尺。

2）擦干净检油尺端部。

3）读取油位。

4）正确装回检油尺。

（3）正确读取冷却液液位

1）清洁副水箱刻线周围部位。

2）读取液位。

步骤 3　附件复位

水稻穴直播机护种胶带卡死故障的诊断与排除

操作准备

1. 自走式水稻穴直播机及随机工具。

2. 不小于 80 m^2 的室外场地，地势平坦，光线充足，无外界干扰。

操作步骤

步骤 1　确认故障原因

（1）在水稻穴直播机熄火状态下进行检查。

（2）检查毛刷轮与排种轮圆弧面的间隙：拔下排种器转动轴上的插销，横向移动排种器连接套，使相邻的排种器转动轴彼此脱开；用手转动排种器的转动轴，即可转动排种器，判断毛刷轮与排种轮圆弧面的间隙是否符合要求。

步骤 2　调整

（1）调整前，先清理干净护种胶带内的稻种。

（2）在水稻穴直播机熄火状态下进行调整。

（3）使用随机配备的专用调节扳手，调整毛刷轮与排种轮圆弧面的间隙，使间隙不大于 1 mm，调整到位动后将插销复位锁定。

（4）如果该间隙过大而无法调整，则应更换护种胶带。

步骤 3　检查、确认故障已排除

（1）检查毛刷轮与排种轮圆弧面的间隙是否符合要求。

（2）检查所有排种口排种量是否一致。

测试题

一、判断题（将判断结果填入括号中，正确的填“√”，错误的填“×”）

1. 水稻穴直播机的燃油中可以加入润滑油混合使用。　（　）

2. 对水稻穴直播机的故障进行诊断与排除时，应在平坦的场地进行。　（　）

3. 传感器等电气部件可以用水冲洗。　（　）

4. 补充燃油时不要吸烟或使用明火。（　）

5. 防冻液的有效期为两年，应每两年更换一次。（　）

6. 排气管冒黑烟主要是由于燃油在气缸内燃烧不完全引起。（　）

二、单项选择题（选择一个正确的答案，将相应的字母填入括号中）

1. 硫酸指示表呈透明无色状态时进行充电或启动发动机会产生（　）、引起爆炸。

A. 轰鸣　B. 火花　C. 声响　D. 抖动

2. 作业结束后，应用（　）清洗机身，清除缠绕在转动部位上的杂草、垃圾等，尽量防止水溅在各种传感器等电气部件上，以免发生电气故障。

A. 汽油　B. 水　C. 柴油　D. 洗洁精

3. 检查机油时应将水稻穴直播机移至平坦的场地，否则无法显示正确的（　），若油面处于检油尺的上、下限刻线之间，则油量符合规定。

A. 油温　B. 油量　C. 油压　D. 油浓度

4. 排种器的转动轴不能转动会导致排种口全部不排种，此时应先检查（　）是否置于“播种（合）”位置。

A. 播种升降手柄　B. 播种部升降开关

C. 穴距调节手柄　D. 主变速手柄

5. 检查（　）是否卡死，若卡死应进行更换。

A. 排种管　B. 排种器进种口

C. 护种胶带　D. 播种箱

6. 当发生个别或少数播行、播种量过少的现象时，应检查对应的（　）是否调整到位，对应的排种器排种是否顺畅。

A. 排种器窝眼　B. 排种管

C. 护种胶带　D. 播种箱

7. 壅泥的原因：田块表层土（　），开沟深度太大，浮板装置不起作用，左右挡泥侧板没有调整到位。

A. 太稀、太硬　B. 太厚、太软

C. 太厚、太硬　D. 太稀、太软

8. 调整（　）与排种轮圆弧面的间隙，使间隙不大于 1 mm，如果该间隙过大而无法调整，应更换护种胶带。

A. 毛刷轮　B. 护种胶带

C. 排种带　D. 排种器

测试题参考答案

一、判断题

1. × 2. √ 3. × 4. √ 5. × 6. √

二、单项选择题

1. B 2. B 3. B 4. A 5. C 6. A 7. D 8. A